「食」の図書館

砂糖の歴史

SUGAR: A GLOBAL HISTORY

ANDREW F. SMITH
アンドルー・F・スミス【著】
手嶋由美子【訳】

原書房

目次

序章　サトウキビ　7

第1章　砂糖の起源　12

中東と地中海沿岸における砂糖　16
大西洋の砂糖　22

第2章　新世界の砂糖づくり　24

精製糖　29　カリブ海の砂糖　30
糖蜜とラム酒　34　アメリカの砂糖　36
砂糖と奴隷制度　40　キューバの砂糖　45
アメリカ・スペイン戦争とその余波　49
歴史を振り返って　50

第3章　世界に広がる砂糖　52
アフリカ、アジア、オセアニアの砂糖　59
戦争と革命　67　イギリスの砂糖　70
第4章　砂糖の用途　76
ヨーロッパでの砂糖の利用法　81
イギリスの砂糖　85　砂糖を飲む　89
料理になくてはならない食材　98
第5章　菓子とキャンディ　102
菓子職人　108
タフィーとトフィー　112
製造業者　114
祭日のお菓子　118
チョコレート　122
アメリカのチョコレート製造業者　124

他の菓子メーカー　129

第6章　砂糖天国アメリカ　133
朝食用シリアル　135
ビスケット、クッキー、ケーキ、そしてパン　138
ドーナツ　142　アイスクリーム　144
甘い飲みもの　147
エナジードリンクとスポーツドリンク　151
至福ポイント　153

第7章　砂糖がもたらしたもの　156
代替糖　160
エンプティー・カロリー　163

第8章　砂糖の未来　168

訳者あとがき　171
写真ならびに図版への謝辞　174
参考文献　177
レシピ集　184

［……］は翻訳者による注記である。

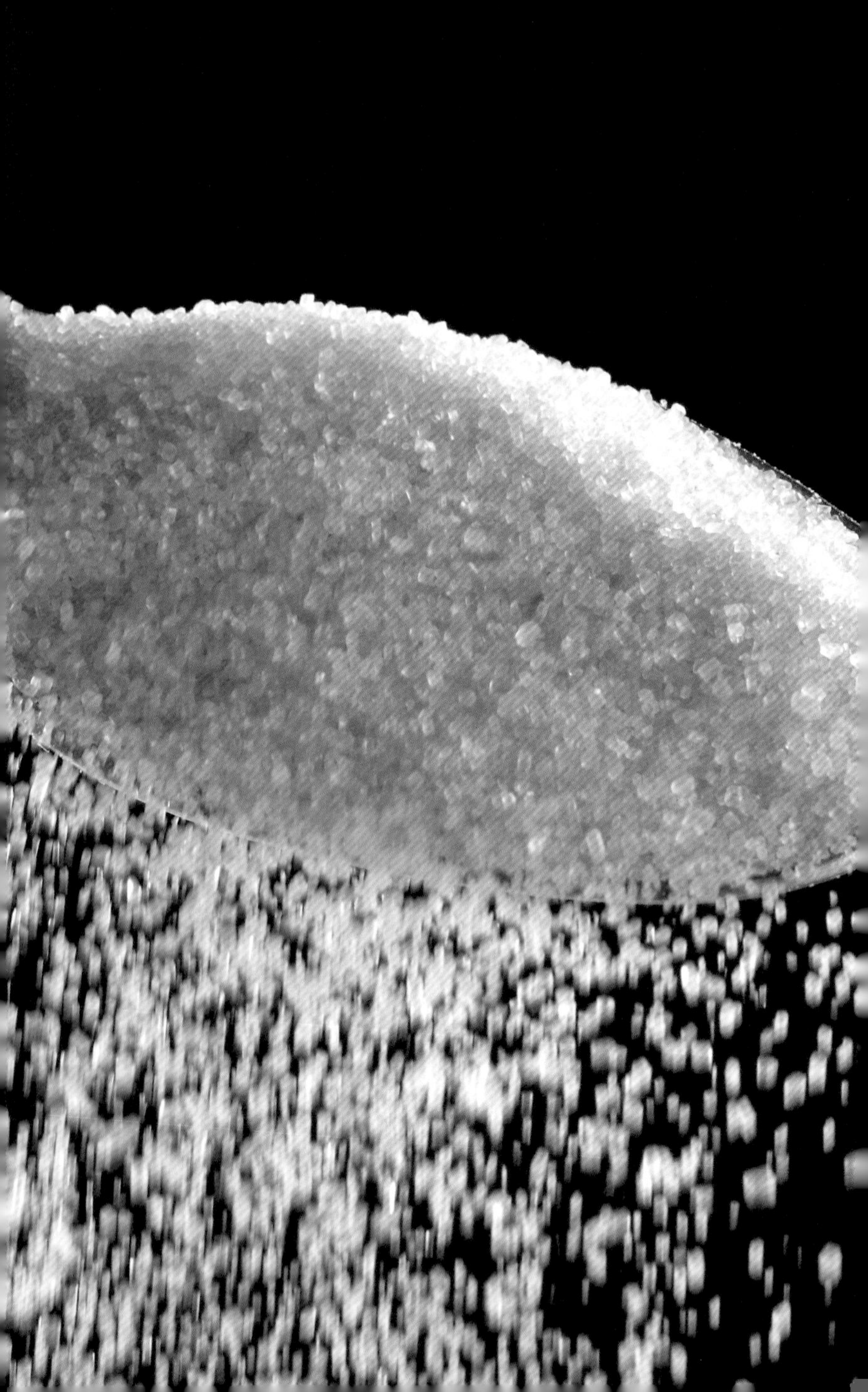

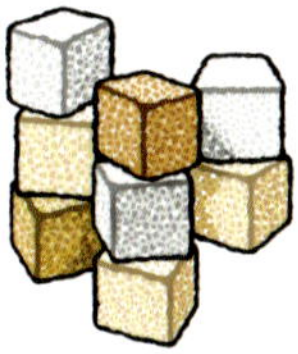

序章◉サトウキビ

人類は太古の昔から甘い食べものに魅せられてきた。それは当然のことだ。人間の舌の上面には1万もの味蕾《みらい》［味覚を感じる器官］があり、そのすべてに甘味を感じとる特別な働きがあるのだから。甘いものを食べると、味蕾は神経伝達物質を出し、それが脳内の快楽中枢を刺激する。それに反応した脳が内在性カンナビノイド［脳内に存在するマリファナ類似物質］をつくりだし、食欲が増す。これは進化という面からも説明できる。たとえば、母乳のカロリーの40パーセントは乳糖（ラクトース）に含まれる。乳糖は二糖類であり、体の基礎栄養となるブドウ糖に変化しやすい。この甘味のおかげで赤ん坊はどんどん母乳を飲み、生き残る力が強くなる。

苦味のある植物は有毒である可能性が高い。一方で甘いものは食べても安全で、単一炭水化物が豊富であることが多い。甘い食べものの味を一度覚えると、それを見ただけで唾液が出るようになる。唾液は単一炭水化物の分解をうながし、体内に栄養素が入ってきたことを消化器官に知らせる。

わたしたちの祖先は数千年ものあいだ、甘い果物や野菜を栽培し、品種改良を重ね、果物やベリー類、イチジク、デーツ、ナッツ類、ニンジンの搾り汁、イナゴマメ［地中海原産の木］やカエデ、ヤシの樹液、花の蜜、香草の葉や種を使って、食べものに甘味を加えてきた。何世紀にもわたって、穀物から麦芽糖（マルトース）、ブドウからブドウ糖（グルコース）、果物やベリー類、トウモロコシから果糖（フルクトース）、サトウキビやテンサイから蔗糖《しょとう》（スクロース）といったぐあいにさまざまな甘味を収穫・精製し、濃縮させる方法を考え出してきた。また、ミツバチを使ってハチミツを集める方法も考え出し、これは新大陸発見前の旧世界で最初の重要な甘味料となった。

とはいうものの、ここ500年間で最も身近に使われてきたのは砂糖、つまり蔗糖（$C_{12}H_{22}O_{11}$）である。これはふたつの単糖（ブドウ糖と果糖）が化学結合してできる二糖類であり、ブドウ糖と果糖は消化の過程で分離する。ブドウ糖の分子は小腸で吸収され、血液に入って各器官に運ばれ、そこでエネルギーに変わる（エネルギーに変える必要のない余分なブドウ糖は脂肪細胞に蓄えられる）。果糖は自然界で最も甘く、おもに肝臓で酵素の働きによってブドウ糖に変えられる。

蔗糖はほとんどの植物に含まれるが、それを最も濃縮されたかたちで含んでいるのが、丈が高くて竹によく似た、イネ科のサトウキビ（学名 *Saccharum*）である。サトウキビは南アジアか東南アジアが原産とされ、さまざまな種があり、亜種はさらにかなりの数に上る。そのうち自然に繁殖するのはサッカラム・ロバスタム（学名 *saccharum robustum*）とサッカラム・スポンタネウム（学名 *saccharum spontaneum*）の2種のみで、どちらも含まれる砂糖の量は比較的少ない。

ロバスタム種はニューギニア原産で、そこから先住民が栽培品種化したクレオール種、サッカラム・オフィシナルム（学名 *Saccharum officinarum*）には、他の種よりも砂糖が多く含まれる。この改良は大成功で、今からおよそ８０００年前には、フィリピンやインドネシア、インド、東南アジア、中国にまで広まった。

インドでは、オフィシナルム種と南アジア原産のスポンタネウム種を掛け合わせ、サッカラム・バルベリ（学名 *saccharum barberi*）がつくられた。この品種はインドで広く栽培されている。中国でも同じようにオフィシナルム種とスポンタネウム種を掛け合わせているが、サッカラム・シネンセ（学名 *saccharum sinense*）という別の品種となり、これは中国南部で広く栽培されている。

人間は何千年ものあいだ、さまざまな種のサトウキビを栽培し、その甘い汁を採取してきたが、サトウキビ産業の中心となってきたのはオフィシナルム種であり、18世紀後半以降、他の種や亜種は品種改良用として使われるようになった。サトウキビの栽培と加工には多くの労働力が必要である。栽培品種化したサトウキビはいずれも栄養繁殖性［栄養繁殖とは種子ではなく根・茎・葉などの栄養器官から新しい個体が繁殖すること。栄養生殖。無性生殖の一種］であるので、節の部分に芽がついた茎の一部を地中に埋めるだけで増殖する。サトウキビ畑では雑草を抜き、肥料や水をまかなければならない。また、収穫期を迎えたサトウキビを刈り取る必要もある。20世紀に機械が発明されるまで、こうした作業はすべて人の手によって行なわれていた。

理想的な条件がそろえば、サトウキビの茎は数週間にわたって1日に5センチも伸びる。収穫期には直径5センチほどになり、3・6～4・6メートルの高さにまで育ち、9～18か月のあいだに最適な糖度に達する。茎から花が咲きはじめる頃、蔗糖の含有量は最高値（17パーセントが理想）になる。「株出し」と呼ばれる方法で、茎は根のすぐ上の部分で切り取られる。残った根からは新しい茎が伸びるが、糖度は低くなり、病気にも弱い。それでも「株出し」は2～3回繰り返すことができ、その後、栽培効率を上げるために、古い根を取り除いて新しく切った茎を植える。

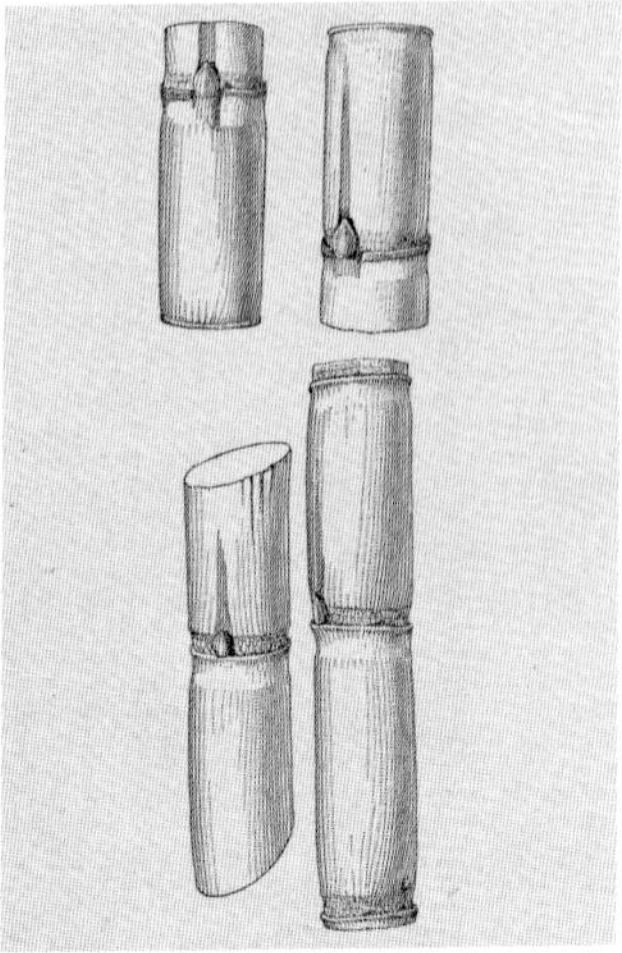
サトウキビの節と芽

こうしてサトウキビ栽培に力を注いできたことを考えれば、人間がその甘味を何千年もの昔から大切にしてきたことは明らかだ。人々は最初のうちは、切り取った茎を噛んだり吸ったりして、サトウキビの汁を飲んだ。しかし、サトウキビは一度切り取ってしまうと、短い時間でも保存したり蓄えたりすることが難しい。切り取るとすぐに劣化し、茶色くドロドロになってしまうのだ。サトウキビから汁を搾り出すことはできるが、汁は空気に触れたとたんに醗酵しはじめる。アルコールをつくるのが目的であれば、この特性は間違いなく強みとなるが、保存できる甘味料をつくりたいのであればこの点はやっかいである。保存できる砂糖をつくるために、わたしたちの祖先はどのようにサトウキビの汁の加工法を見出したのだろうか。そして、この方法を実現し改良することによって、人類の歴史はどのような影響を受けたのだろうか。本書でそれらを探っていくことにしよう。

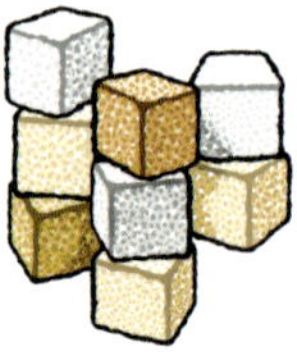

第1章◉砂糖の起源

サトウキビから甘い汁を搾り出し、砂糖の結晶へと変えるプロセスは複雑だ。サトウキビの汁は、いつ、どこで、最初に長期保存が可能なかたちに変えられたのだろう。それを示す考古学上の手がかりはほとんどないが、歴史学者のほとんどは、約2500年前の東インドで始まったと考えている。そのおもな根拠となっているのは、インドの古い書物の多くでサトウキビとその甘い汁について言及されていることである。紀元前400～200年の間に書かれたと推定される、パタンジャリによるサンスクリット文法の解説書『マハーバーシャ』には、ライスプディングやひき割り大麦、醗酵飲料——いずれもなんらかの種類の砂糖で甘味が加えられている——のレシピが記されている。

カウティリヤが冷徹な政治術についてサンスクリットで書いた古典『アルタシャーストラ』は紀元前4世紀後半のものとされるが、そこにも砂糖についての記述がある。ここでは、グダ（純度が一番低い）からカンダ（英語の「キャンディ」の語源である）、そして最も純度の高いサルカラまで、3種類の砂糖について説明されている。昔のサルカラは、現在でもまだ使われているヤシ糖――灰分やその他の不純物だけでなく、糖蜜《とうみつ》も残った粗く固い砂糖――というインドの甘味料に似ていたのではないだろうか（皮肉なことに、サンスクリットのサルカラから、代替糖を指す英語「サッカリン」が生まれた）。

初期の砂糖は、石の車輪のついた圧搾機を家畜の力で動かし、サトウキビの茎を砕いたり、すりつぶしたりしてつくられた。この圧搾機は、当時、穀物の製粉に使われていたものによく似ていた。砕いて搾った汁は、煮詰めて凝縮させる。ここで残ったものが粗糖《そとう》で、甘味はあるものの、茶色い半固形で醗酵はしない。その後、不純物を濾過《ろか》して取り除く方法が考え出され、より白くて甘い結晶糖が出来上がった。まわりの黒っぽい液体から取り出した結晶は、丸めてやわらかいボール状にする。最終的には固い砂糖の塊《かたまり》にし、必要に応じてすりつぶしてグラニュー糖にする。後に糖蜜と呼ばれるようになる粗悪な黒っぽい液体は、結晶化の後の工程で取り除かれた。当時の技術ではこれをさらに精製して砂糖にすることはできなかったが、甘味料やアルコール飲料の原料として使うこともできた。

精製糖《せいせいとう》の利点を数え上げればきりがない。粒状、あるいは粉状にするほか、結晶化させたり、溶かしたり、糸状にしたり、引き伸ばしたり、煮詰めたり、成形したりと、さまざまに加工できる。

家庭でも工場でも、他の材料と簡単に混ぜ合わせることができる。薬の苦味を消したり、効能を強めたりするのにも使うことができる。長期間の保存が可能なため、一年を通して甘味料がいつでも使える。匂いを消したり、風味を加えたり、アルコール飲料をつくったり、果物や野菜を保存したりと、加工糖はさまざまなかたちで調理にも使われてきた。また、忘れてはならないのが、サトウキビが育たない地域にも輸送できたという点である。このため砂糖は早くから重要な商品として取引された。

サトウキビの栽培と加工が広く行なわれていたインド東部は、仏教発祥の地でもあった。『中国の砂糖と社会 *Sugar and Society in China*』（1998年）の著者であるスチェタ・マズムダルによると、サトウキビは仏教の宗教儀式に取り入れられていて、ブッダ［ゴータマ・シッダールタ。紀元前560年頃～480年頃。生没年は諸説あり］のものとされる言葉の多くがサトウキビについて触れている。断食中の僧も砂糖水を飲むことは許されていて、仏教の行事にまつわる食べものの多くが砂糖でできていた。

他の古い宗教書にも砂糖はたびたび登場し、ブッダゴーサ（5世紀頃）が著した書物には、サトウキビ圧搾機や搾り汁、サトウキビの汁を煮詰める作業に加えて、粗糖や砂糖の塊についても言及されている。砂糖の歴史の研究者のなかには、この砂糖の塊は固くはなく、タフィーというキャンディのようにやわらかだったと考える人もいるが、一方、これが結晶糖について書かれた最初の文献だと考える人もいる。ジャイナ教の文献にも、純粋な砂糖を煮詰めてつくったシュガーキャンディについての言及がある。ジャイナ教には不殺生の厳しい戒律がある。何百万という生き物が含まれていると考え、ハチミツを口にしないジャイナ教徒にとって、シュガーキャンディは特に重要な食べものだった。

製糖の起源はインドにあると仮定すると、それは瞬く間に東南アジアや中国南部へと広がった。砂糖は、紀元前221年には中国に――おそらくは「彫刻」として――輸出されていたが、東南アジアの製糖についてはそれ以外ほとんど何もわかっていない。中国の初期の製糖業についてはもう少しくわしいことがわかっていて、仏教の僧がサトウキビと固形の砂糖の製法を伝えたと言われている。それが最初ではなかったとしても、砂糖を普及させたのが僧たちであったことは明らかだ。中国で最初の甘味料は、蔗糖でもサトウキビシロップでもなかった。中国北部の主要な作物は穀物であり、おもにモロコシ属の雑穀であるソルガムから麦芽糖の蜜がつくられた。ブドウ糖の分子ふたつから成る二糖類である麦芽糖は、蔗糖に比べて糖度はかなり低い。中国で最も重要な甘味料だった麦芽糖は、現在でも中華料理に使われている。

蔗糖の製法は紀元前3世紀には中国南部に伝わっているが、中国北部で普及したのはその数世紀後のことである。中国人は食べものや飲みものに甘味を加えるだけでなく、薬にも砂糖を使った。最初に氷砂糖をつくったのは中国人だったかもしれない。しかし、サトウキビは必需品とは見なされず、中国の製糖は南アジアや、後の時代の中東のようには発展しなかった。13世紀末に中国を訪れたマルコ・ポーロによると、モンゴル帝国の皇帝フビライ・ハンはエジプトから職人を招き、人々にサトウキビの加工法を学ばせたという。実のところ、砂糖の栽培や加工・調理の方法が飛躍的な進歩を遂げたのは中東だったのだ。

●中東と地中海沿岸における砂糖

ギリシア人やローマ人は早くからインドを訪れていたので、砂糖の存在は知っていた。アレクサンダー大王に仕えた武将ネアルコスは、紀元前327年にインダス川の河口からペルシア湾のユーフラテス川河口まで航海し、その著作『インディカ（インド誌）』で「インドのアシはミツバチの助けがなくてもハチミツをつくりだす。その植物は実をつけないが、蜜からはうっとりするような飲みものがつくられる」と伝えている。

ローマ時代には、地中海沿岸地域にわずかながら砂糖が入ってきている。輸入された砂糖は医療用として使われた。1世紀の医者で植物学者でもあるディオスコリデスは、5巻からなる著作『マテリアメディカ』に「インドやアラビアフェリックス（幸福なアラビア）のアシからは、ハチミツが固まったようなサッカロンと呼ばれるものが採れる」と記し、さらに「見た目は塩のようで、砕けやすい」とも書いている。インドから輸入されたハチミツの塊のようなものについては、ガレノス、セネカ、プリニウスなども言及していて、現代の研究者の多くは、これが本物の砂糖であったと考えている。6世紀になると、砂糖はインドから船で東アフリカのソマリアの港に運ばれ、さらに陸路でアレクサンドリアへ運ばれるようになった。そこからわずかな量が医者の手に渡って治療に使われた。

西暦600年にはメソポタミアでサトウキビが栽培されるようになり、その後すぐに商業生産が始まった。ビザンツ帝国の歴史家テオファネスは、ササン朝ペルシアとの戦いで、ヘラクレイオスが622年に得た貴重な戦利品のなかに「ズッカー」の塊があったと記録している。641年にはアラブ人がメソポタミアを征服し、サトウキビと製糖法はアラブ人の手によってナイル川やそのデルタ地帯、地中海沿岸東部、東アフリカへと西に向かって広がった。サトウキビはそこからさらに地中海の島々――キプロス島、マルタ島、クレタ島、シチリア島、ロードス島――に伝わり、やがて北アフリカでも広く栽培されるようになり、682年には南モロッコにまで達している。その後、スペイン南部やイタリア南部、トルコの各地でも栽培されるようになった。

メソポタミアの製糖業の中心は、チグリス・ユーフラテス川のデルタ地帯にあるペルシア湾の入口だった。その頃、現在のイランからスペインにまでおよぶ帝国の中心都市バグダッドで、砂糖は非常に重要な商品となった。人口およそ百万人を抱えるバグダッドは、世界最大の都市だったと言われている。イブン・サッヤール・アル＝ワッラクが書いた10世紀のバグダッドの料理本には、砂糖を使ったレシピが多く載せられている。製糖業の繁栄は、1258年にモンゴル人がバグダッドを征服するまで続く。政治的混乱に陥ったこの地域で製糖業は壊滅状態になるが、その頃にはすでに製糖業は地中海沿岸にしっかり定着していた。

中東や地中海沿岸でのサトウキビ栽培や製糖は、インドよりも多額の投資が必要になった。インドより西の高温で乾燥した気候でサトウキビを育てるには、大規模な灌漑システムが必要であり、為政者や大地主たちは、広い面積におよぶ灌漑施設の建設や維持、管理をしなければならなかったからである。そしてまず必要だったのが、当時、非常に高価な贅沢品だった砂糖を買いたいという客、そして実際に買うことのできる客だった。

一方、ナイル川上流の上《かみ》エジプトは、地理的にも特にサトウキビ栽培に適していた。ナイル川のデルタ地帯は気候が温暖で雨量が多く、土地が肥沃であったことから、砂糖はエジプトの食生活――少なくとも富裕層では――にとって重要な食材となった。また、ときとして庶民にも砂糖が配られることがあった。当時の宴会のごちそうは、砂糖でできた彫刻が供されることが多く、招待客には身分に応じて1～25ポンド（450グラム～11・3キログラム）の砂糖が贈られた。あちこちに市が立って砂糖が売り買いされる上エジプトは、中東やヨーロッパに運ばれる砂糖の重要な供給元となり、砂糖の栽培や製糖、精製にたずさわる人々はどんどん豊かになっていった。

中世のエジプトの製糖所

11世紀末に始まる十字軍遠征によって、ヨーロッパの人々はイスラム教徒からクレタ島やシチリア島などの地中海沿岸の土地を奪還すると同時に、サトウキビの栽培法や製糖法を吸収していった。この遠征でヨーロッパの人々はエルサレムを奪取し、1099〜1187年のあいだ支配した。この地域の製糖は大きな利益が出る商売であり、チレ（現在のレバノン）が重要な砂糖交易都市だった。エルサレムの歴史を記したチレのウィリアムは、砂糖は「人間が使うためにも、人間の健康のためにも不可欠であり、商人たちが世界の最果ての国々まで運ぶ」貴重な商品だと書いている。中東を訪れて砂糖の存在を知った兵士や巡礼者たちが祖国に持ち帰ったことから、ヨーロッパでも砂糖の需要が生じ、少なくとも王や貴族たちは砂糖を楽しむようになった。

イタリアの都市国家ベネチアは、10世紀以来、地

シチリア島の製糖所（14世紀）

中海沿岸の東部から輸入した砂糖を、再輸出してきた。1096年に十字軍の遠征が始まると、この貿易からかなりの利益が上がるようになった。ベネチア人の支配はクレタ島にまでおよぶようになり、さらにキプロス島などの他の島々への影響力も強めた。砂糖の再輸出という追い風もあり、この小さな都市国家は地中海沿岸で最も有力な国のひとつとなった。その後、ジェノバが大西洋の島々から運ばれるポルトガルの砂糖の流通拠点となるが、それまでの約500年にわたり、地中海の砂糖貿易を支配したのはベネチアであった。

中世ヨーロッパにおける製糖業の発展の足かせとなったのは労働力不足だった。これをさらに深刻化させたのが、地中海沿岸の製糖地域で繰り返された戦争であり、そこに黒死病（腺《せん》ペスト）が追い打ちをかけ、１３４０年代以降のヨーロッパに大きな打撃を与えた。その後の数十年で、ヨーロッパの人口の30〜60パーセントが死亡したと推定され、このために労働力不足が生じた。

さらにこの頃、農村地域から都市部への人口移動が増え、砂糖の栽培地域における労働力不足に拍車をかけた。シチリア島やその他の地中海の島々ではプランテーション所有者が農業労働者に割増賃金を払うようになり、ヨーロッパの人々が次々と仕事を求めてやってきた。それでも十分な労働者が確保できなかったことから、プランテーション所有者は奴隷に目を向けはじめた。キリスト教徒もイスラム教徒も、砂糖の栽培や収穫、製糖のために奴隷を使った。初めのうちは、現在のブルガリア、トルコ、ギリシアへの遠征で得た捕虜を奴隷にしたが、やがて東アフリカや、後には西アフリカからも奴隷が運ばれてくるようになった。

労働人口の減少に加えて、地中海沿岸の製糖業にはもうひとつ深刻な制約があった――気候である。サトウキビは熱帯性の気候を好む。寒波、あるいは涼しい天候が少し続くだけでも、サトウキビの生育は止まりかねない。さらに深刻な問題は、サトウキビの汁を精製糖に変えるボイラーを動かすのに必要な、安価で豊富な燃料が不足していることだった。薪の需要が増えたことから、地中海沿岸の砂糖の産地一帯では森林破壊が起こった。森林破壊のせいで雨水が流出して無防備な土地を浸食し、その結果土壌が痩せ、水不足が起こった。地中海沿岸の東部――レバノン、シリア、エジプト、パレスチナ――では、15世紀に製糖業の衰退が始まり、15世紀末には砂糖を輸入するようになる。ベネチアの支配下にあったキプロス島やクレタ島、地中海西部では、その後1世紀にわたって製糖業が栄えたが、やがて同じように陰りが見えはじめる。

地中海東部の砂糖貿易に起こったもうひとつの変化は、オスマントルコの台頭だった。オスマントルコは1453年に、ビザンツ帝国の都、コンスタンチノープル［現在のイスタンブール］を攻略した。その後、中東と北アフリカを征服し、東ヨーロッパに進出する。トルコ人が東西をつなぐ陸の交易路を支配したため、東西の交易は分断され、ヨーロッパの王族や上流階級の人々は、アジアから輸入される砂糖や香辛料、その他の贅沢品を手にすることが難しくなった。このため、ヨーロッパの人々はトルコ人とアラブ人を避けるルートを探しはじめることになる。

◉大西洋の砂糖

14世紀以降、ポルトガル人は東大西洋を探検しはじめ、マデイラ諸島や、その近くのポルトサント島などの島々を発見し、植民地化した。15世紀半ばには、これらの島々に砂糖プランテーションが建設され、そこからポルトガルに砂糖が輸出されるようになった。ポルトガルで消費しきれない砂糖は輸出に回されて大きな利益を生み、さらに探検や砂糖プランテーションの建設が進むことになる。

スペインもまた大西洋を探検し、アフリカ北西部沖にあるカナリア諸島に植民地を建設した。これらの島々にはサトウキビ栽培に適した気候、奴隷として製糖所で働かせることのできる先住民の存在という好条件がそろっていた。1500年にはカナリア諸島からスペインに砂糖が輸出されるようになったが、地中海地域と同じように燃料不足が問題になった。これらの島々で森林破壊が起きると製糖業は揺らぎはじめ、その後、価格の安い産地との厳しい競争が原因で衰退する。

サトウキビ栽培に最適だったのは、西アフリカのギニア湾にあるサントメとプリンシペという無人島だった。ポルトガル人はこれらの島を1470年に発見している。そこは理想的な気候で、アフリカの奴隷を簡単に調達でき、サトウキビ畑を灌漑する水、製糖所を動かす燃料も豊富だった。そのため砂糖の生産量は増加し、ポルトガルに戻る長く困難な航海にかかる費用を差し引いても、農場主に大きな利益をもたらした。

第2章◉新世界の砂糖づくり

クリストファー・コロンブスは大西洋の島々や、そこで盛んだった製糖業のことをよく知っていた。ジェノバにあるイタリアの会社の代理人をしていたコロンブスは、1478年、砂糖の買い付けのためにマデイラ諸島を訪れた。最初の妻の父親はポルトサント島の総督だった。妻の死後、コロンブスが再婚した相手の家族は、マデイラ諸島に砂糖農園を持っていた。カリブ海への最初の航海からスペインに戻ったコロンブスには、自分が探検してきた島々でサトウキビが栽培できるという確信があった。1493年、カリブ海への2回目の航海に出た際に、コロンブスはカナリア諸島に寄り、そこで手に入れたサトウキビの苗をカリブ海のイスパニョーラ島（現在のハイチとドミニカ共和国）に移植した。コロンブスやその他のスペインの探検家たちは、プエルトリコ（1508年）、ジャマイカ（1509年）、キューバ（1511年）といった他の島々に植民地

生前のクリストファー・コロンブスを描いた肖像画は一枚も残されていない。この複製画は1892年に、アメリカ大陸発見400周年を記念して描かれた。

をつくった。これらの島々にはサトウキビが植えられ、その後、スペインやその他のヨーロッパの国々が持つ中南米の植民地でも同じようにサトウキビが植えられるようになる。

イスパニョーラ島は新世界で最も重要な砂糖の産地となった。1516年には、この島からスペインに砂糖が輸出されている。30年のあいだに、「強力な製糖所や4頭の馬で動かす製糖所」ができた。スペインの船が積んでいった「大量の砂糖や上澄み、糖蜜があれば、この島は豊かに潤っていただろう」と、当時のこの島の年代記編纂者ゴンサロ・フェルナンデス・デ・オヴィエド・イ・ヴァルデスは伝えている。

カリブ海諸島の気候はサトウキビ栽培にとって理想的だったが、労働力が不足していた。砂糖プランテーションで働くために新世界へ移住したがるスペイン人はほとんどなく、タイノ族やカリブ族などの先住民も、プランテーションで働くことには関心がなかった。スペイン人に奴隷にされた先住民たちが、熱心に働こうとしなかったのも当然のことと言える。絶え間ない争い、ヨーロッパ人が持ち込んだ伝染病の流行などが原因で、初めてヨーロッパ人がやってきてからわずか1世紀のあいだに、これらの島々の先住民のおよそ80～90パーセントが死んだ。こうしてカリブ海諸島における製糖業は衰退した。

ブラジルは違う道を歩んだ。1500年に上陸したポルトガル人は、沿岸に小さな交易所を築いた。ブラジルもサトウキビの栽培に理想的な場所だった。気候は最適で、ボイラー用の燃料や水が豊富にあり、土地はいくらでもあった。奴隷として働かせることができる先住民族もいた。1520年には、エンジェンニョス（ポルトガル語で「圧搾所」を意味するが、砂糖プランテーションの施設全体――畑、圧搾所、工場――にも使われる）と呼ばれる小さな砂糖プランテーションが海岸沿いに建てられた。1548年にはペルナンブコで6つのエンジェンニョスが稼働し、1583年になるとその数は66になり、隣接するバイアではさらに36増え、そして南部でも建設が進んだ。

ポルトガルのサトウキビ栽培者は、きわめて重大な技術改良をいくつも考案し、広めたとされている。17世紀の初めに、エンジェンニョスは、ローラーあるいはシリンダーを縦に3つ重ね、そのあいだでサトウキビを粉砕する新しい構造の圧搾機を取り入れた。片側の作業員が1番目と2番目のローラーのあいだに差し入れたサトウキビを、反対側にいる作業員が2番目と3番目のローラーのあいだを通して戻す仕組みである。この方法はそれまでの圧搾機に比べてはるかに効率がよかったため、従来の圧搾機にすぐに取って代わった。新方式の圧搾機は、家畜の力や水力、場合によっては風力でも簡単に動かすことができた。操作に要する労働者の数は減り、結果として砂糖の生産量が大幅に増えた。

砂糖の精製プロセスに起こった重要な技術の進歩がもうひとつある。従来の製糖所では、サトウキビの汁を過飽和状態［溶液中に限界量以上の物質が溶けている状態］まで煮詰める大釜はひとつしかなかったのだが、ブラジル人は複数の釜を備えたシステムをつくりだした。この方式では、大釜の他に大きさの異なる3つの容器が備えられ、砂糖液を徐々に小さな容器へとひしゃくで移していく。このため、監督者は精製のプロセスをしっかり把握できるようになり、さらに大規模な生産ができるようになった。

ブラジルの砂糖生産量は急激に増えたが、先住民の労働人口が縮小すると、砂糖産業は大きくつまずいた。病気や戦争によって先住民の数は激減し、さらにブラジルのカトリック教会が先住民族の奴隷化に反対しはじめた。しかし、解決策はすぐに見つかった。ブラジルの製糖業に競争力を奪われた西アフリカのサントメにあるポルトガルの砂糖植民地がアフリカ人奴隷のブラジルへの輸出に乗り出したのだ。初めのうち、こうした奴隷の多くはサントメの砂糖プランテーションで働いていた熟練労働者だったが、その後はアフリカから調達されるようになった。サントメは単に奴隷の集積所となり、大西洋を行き来して、ブラジルや新世界の他の場所に奴隷を運び、ヨーロッパに砂糖を持ち帰るポルトガル船の出港地となった。ブラジルや南北アメリカにある他のヨーロッパの植民地に運ばれたアフリカ人奴隷は、17世紀だけで56万人に上ると推定されている。

ブラジルの砂糖生産量は増加し、大量の砂糖がヨーロッパに輸出された。16世紀後半になると、砂糖はブラジルで最も重要な輸出品となり、大西洋地域の残りの産地の生産量の合計をも超えた。生産量でブラジルに追い抜かれた地中海沿岸の製糖業は完全に廃れ、また大西洋の島々においても急速に衰退していった。こうしてブラジルは世界の砂糖生産の中心地となった。

◉精製糖

ヨーロッパの人々は砂糖の栽培と加工、そして精製の仕事を切り離した。栽培と基本的な加工は大西洋や南北アメリカの植民地で行ない、仕上げの精製をヨーロッパの都市でするようになった。このように生産と精製を分けることにはいくつかの利点があった。第一に、多額の資本を要する、最終的な精製をする現地工場を、植民地の栽培地域につくる必要がなくなった。その代わりに、これらの精製施設を、最終的な市場に近いヨーロッパの大都市に集中的につくることができた。第二に、熱帯地域から船で砂糖を運ぶのには時間を要し、母国へ帰る途中で傷まないようにするのは難しかった。精製度の低い状態で船積みすることによって砂糖が傷むリスクが減り、さらに、ヨーロッパの精製業者は顧客の要望にぴったり合った製品をつくりだすことができた。最後に、ヨーロッパの都市で精製の仕上げをすることによって、精製業者は植民地のみならず、母国にも利益をもたらすことができた。この最後の点は、当時の経済哲学である重商主義を反映している。つまり、植民地を母国に原材料を供給するための場所としつつ、さらに母国でつくった製品を植民地に輸出して富を得るという考え方である。

16世紀のヨーロッパで精糖業が一番盛んだったのは［現在はベルギーの］アントワープである。もともとアントワープは、ポルトガルやスペインの植民地から運ばれる砂糖の取引と精製の中心地だった。砂糖のおかげで、アントワープはヨーロッパで最も豊かな都市、そして2番目に大きな都市となった。その地位は1576年のスペイン軍による略奪まで揺らぐことはなかった。この混乱で砂糖の取引が壊滅的になると、アントワープの重要性も低下していった。その隙に、ロンドン、ブリストル［イギリス西部］、ボルドー［フランス南西部］、アムステルダムなど、ヨーロッパの他の都市が精糖業に乗り出し、一気に富の流れが変わった。

◉カリブ海の砂糖

ブラジルの製糖業は、ほぼ1世紀にわたって大西洋世界の砂糖貿易を支配したが、17世紀半ばになって、イギリス、フランス、オランダからの入植者が南北アメリカに砂糖プランテーションを建設するようになると、市場のシェアを失いはじめた。オランダ人は南アメリカの北岸に砂糖プランテーションを建設した。後のスリナムとキュラソー島である。1630年に、オランダはペルナンブコのレシフェと、ブラジルにあるその他のポルトガルの植民地を占領し、その後24年にわたって占拠し続けた。このあいだ、セファルディ（スペイン系ユダヤ人）はこれらの植民地に住み、自

アンティグア［カリブ海東部の島］のサトウキビ畑の植えつけと穴掘り（18世紀）

分たちの宗教を公に信じることが認められていた。サトウキビの栽培や生産を通じて、オランダ人とユダヤ人は深く関わるようになった。ブラジルでオランダ人が占領していた地域をポルトガル人が取り戻すと、ユダヤ人とオランダ人はそこを離れ、その一部はイギリスの植民地である西インド諸島のバルバドスに定住した。

1627年にイギリス人がバルバドスに入植を始めたとき、この島は無人だった。初期の入植者はおもに小規模な農場主で、タバコの栽培と熟成によって財を成そうと考えていた。しかし不運なことに、北アメリカ大西洋岸のバージニアとその他の植民地では、もっと低コストでもっと大量のタバコを生産していた。バルバドスにサトウキビを持ち込み、プランテーションの所有者にサトウキビから砂糖をつくる方法を教えたのは、ブラジルから避難してき

マルティニーク島の砂糖プランテーション（18世紀）

たオランダ人とユダヤ人だった。サトウキビを栽培し、急ピッチで建設される製糖所を動かすために、アフリカから奴隷が輸入された。この島ではすぐに砂糖の生産に重点が置かれるようになり、セントキッツ島、リーワード諸島、また1655年にイギリスに征服された後のジャマイカも同じような道をたどった。

同じように、フランス人も1635年に、マルティニーク島やグアドループ島を砂糖植民地とし、イスパニョーラ島の西部にプランテーションを建設した。1697年、スペインとフランスはレイスウェイク条約に調印し、イスパニョーラ島はフランス領とスペイン領に分割された。この後100年間、カリブ海で砂糖の生産量が最も多かったのは、フランス領サン＝ドマング（現在のハイチ）であった。

イギリス領西インド諸島では、大規模なサトウキビ・プランテーションが建設されるようになった。農園主はイギリス本国や北アメリカのイギリス植民地に糖蜜やラム酒を

《アンティグア島10景》（1823年）より——サトウキビを刈る奴隷たち

売り、その経費をまかなった。西インド諸島の大規模砂糖生産は、こうした副産物の売り上げのおかげで黒字化したと言ってもよい。砂糖で巨額の富を得た農場主のなかには、監督者にプランテーションの管理を任せてイギリスへ帰り、そこで広大な土地を買うものもいた。

砂糖はまた、イギリスにいる商人、精糖業者、荷送人、銀行家、保険業者、投資家、酒造業者たちにも富をもたらした。1760年にはブリストル市だけで20の精糖所があり、年間83万1600ポンド（37万7200キログラム）のサトウキビを加工していた。イギリスでは「砂糖男爵」やその仲間たちが強力な政治勢力として頭角を現し、18世紀から19世紀初頭に至るまで、議会の決定を左右した。しかしこうした人々が求める利益と、北アメリカのイギリス植民地側が求める利益とのあいだにしだいにギャップが生じ、経済的、政治的確執が糖蜜をきっかけに始まった。

◉糖蜜とラム酒

西インド諸島で急激に増え続ける奴隷人口を支えるためには、食料や生活必需品をおもに北アメリカのイギリス植民地から輸入しなければならなかった。それと引き換えに、西インド諸島からは糖蜜や粗糖、ラム酒が運ばれた。製糖過程でできる副産物である糖蜜は、結晶化した白砂糖と比べるとかなり安価な甘味料だった。糖蜜はアルコール飲料の原料にもなり、プランテーション所有者や商人は糖蜜から高級なラム酒をつくり、イギリスあるいは奴隷と引き換えにアフリカへ輸出した。

ラム酒はカリブ海のフランス領の島々でもつくられたが、フランス本国のブランデー醸造業者たちが輸入に反対し、糖蜜が大量に余る事態に陥った。そのためフランス政府は、糖蜜を海に捨てるのではなく、買い手がつけば自由に売る許可を植民地に与えた。買い手が北アメリカのイギリス植民地であることは明らかだった。

フランス領西インド諸島産の糖蜜はイギリス領西インド諸島産よりも60～70パーセント安かったため、ニューイングランドの植民地船は、マルティニークやグアドループ、サン＝ドマングから糖蜜を大量に買い入れた。ニューイングランドはラム酒の製造には理想的な場所だった。蒸留所をつくるのに必要な熟練労働者が多く、大量の糖蜜を運ぶ船、蒸留器の燃料や樽の原料となる木材に恵まれていたためである。ラム酒はあっという間に北アメリカで人気の蒸留酒となった。1700年まで、ニューイングランドが輸入する糖蜜は、イギリス植民地よりもフランス植民地からのほうが多かった。糖蜜や粗糖と引き換えに、アメリカの商人は材木や魚（おもに奴隷用の塩漬け干しダラ）、その他の食料を輸出した。

このあおりで仕事を失ったイギリス領西インド諸島の砂糖農園主たちは、1716年からイギリス議会に働きかけ、カリブ海のフランスやその他のヨーロッパの植民地からニューイングランドへの砂糖と糖蜜の輸入を制限させようとした。その法案は、ニューイングランドでの糖蜜と砂糖貿易に関してイギリス領西インド諸島に完全な独占を認め、サトウキビ栽培者が価格を自由に設定してもっと大きな利益が得られるようにするというものだった。議会は1733年についに糖蜜法を可決した。この法律は、イギリス領以外の植民地から輸入される砂糖、糖蜜、ラム酒、蒸留酒について1ガロンあたり6ペンスの高い関税を課すものだった。

しかし、糖蜜法が成立したこととそれを遵守することはまったく別の問題だった。唯一、守られていたのは植民地の徴税人が税を取り立てるという規定だったが、その徴税人も糖蜜貿易従事者の友人であることが多かった。徴税人は人数も少なく、賄賂を払えば密輸業者が糖蜜を運び入れるのを簡単に見逃してくれた。また、ニューイングランドの沿岸には何千もの入り江があり、見つからないように商品の陸揚げをすることもできた。

1730年代に、議会はイギリス領西インド諸島の生産者にヨーロッパ諸国と直接砂糖を取引することを認めた。経済状態が好転した生産者は糖蜜法の遵守を迫るのを止めた。その後30年にわたってこの法律は法令集に載せられたままだったが、そのあいだも糖蜜は公然と北アメリカに密輸された。糖蜜法を成立させながら遵守させなかったことは、大きな失敗だった――この失敗は後に大きな波紋を呼び起こすことになる。

◉アメリカの砂糖

1725年にニューヨークで最初の精糖所がつくられ、カリブ海の砂糖生産者は粗糖をニューヨークに出荷しはじめた。サトウキビの半加工品である粗糖は、糖蜜よりも甘味が強く高価だが、糖蜜とは違って精製して純粋な砂糖にすることができる。ニューヨークには精糖所が次々と建てられた。精糖所はニューヨークで最も大きい建物であり、精糖はこの都市で最も実入りのいい産業となった。

七年戦争（1756～63年）の結果、イギリスは北アメリカに新しく広大な土地を手に入れた――同時に、その土地を守るための継続的な出費も必要になった。議会は国全体の収益を上げるために砂糖法を成立させた。条文の内容そのものとしては、30年前の糖蜜法の関税6パーセントを3パーセントに軽減する法律とも言えたから、イギリス政府はアメリカ植民地に不安が広がるとは思ってもいなかった。しかしこの法律は、沿岸警備のためにイギリスの軍艦を配置すること、イギリスからアメリカの港に徴税人を派遣して税の取り立てを強化することなど、糖蜜法にはなかった強い実施規定を含んでいた。

糖蜜法の時代は半ば公然と密輸が行なわれていたが、砂糖法が施行されると密輸には大きな危険が伴うようになった。アメリカ人は砂糖法に抗議し、それを支持するボストンやニューヨークの商人の多くが、イギリスからの輸入品を買わないことに決めた。砂糖法は撤廃されたものの、植民地の抵抗をきっかけにイギリス議会はさらに多くの法律を制定・施行し、北アメリカ植民地における徴税権を強化する方向へと進みはじめた。それに対抗するように植民地には反発の声がさらに強まり、ついに1775年にアメリカ独立戦争へと突入する。

この戦争中にイギリス海軍がたびたび海を制圧したことから、アメリカの砂糖貿易と精糖業は危機的状況に陥った。アメリカの精糖業の中心だったニューヨーク市は8年にわたってイギリス軍に占領され、砂糖の生産が止まった。しかし1783年にアメリカ独立戦争が終結すると、砂糖貿易は再開された。ニューヨークの精糖業はすぐに元の勢いを取り戻し、カリブ海から粗糖が大量に入ってくるようになると、さらに拡大していった。

1803年、アメリカはフランスからルイジアナの名で知られる広大な土地を買った。サトウキビは1750年代から領土の最南端――ミシシッピ川のデルタ付近――で栽培されてきたが、そこはサトウキビ生育域の北限である。ブラジルなどの温暖な地域ではサトウキビは年間を通して栽培が可能だが、ここでは雨の降り方が不規則で、栽培可能な時期は10か月と短い。強い寒気でサトウキビがだめにならないように、秋のうちに収穫しなければならない。1795年、ジャン＝エティエンヌ・ボレというフランス人は、サトウキビの栽培と加工にくわしいハイチの奴隷を輸入した。奴隷の力を借りたボレのプランテーションは成功し、この他にも製糖所が建てられた。1812年には、この地域で75の製糖所が操業している。1817年には、それまで栽培されていた亜種よりも成長の早い亜熱帯種であるリボン種が導入され、製糖業は急成長した。

十分な奴隷労働の供給、輸入される砂糖に関税を課す合衆国政府の政策に支えられ、1820年代にはアメリカのサトウキビ栽培は驚異的に発展した。安い砂糖のおかげで、1831年にひとり当たり13ポンド（5・9キログラム）だった砂糖の年間消費量は、19世紀中頃には30ポンド（13・6キログラムに）まで増えている。

19世紀を通して、アメリカの砂糖のほとんどはニューヨークで精糖された。ニューヨークは精糖業には理想的な立地である――東海岸は港湾設備が一番整っていたため、カリブ海やルイジアナから運ばれる粗糖が陸揚げしやすかったからである。ニューヨークそのものが砂糖の大きな市場であることに加え、道路や運河、そして後に整備されていく鉄道網のおかげで、精糖した砂糖を北や南、西へ容易に運ぶことができた。ドイツ生まれのウィリアム・ヘイブマイヤーは、ロンドンの精糖所で見習いをした後にアメリカへ移住し、1799年にニューヨークのエドマンド・シーマン社の精糖所で働きはじめた。その6年後には、弟とともに自分たちの精糖所を開業した。これは当時ニューヨークで操業していた精糖所のひとつにすぎず、その数はすぐに増えることになる。1864年、ヘイブマイヤー家は最先端技術を取り入れた世界最大の精糖所をロングアイランドのウィリアムズバーグに建設した。

製造法が改良され、生産量が格段に増えると、砂糖の価格は急落した。1887年、ヘイブマイヤーとその他の7つの精糖業者は、砂糖トラスト［トラストとは、複数の会社が市場での競争を避けて利益を独占する目的で資本の結合を行なうこと］を結成する。その目的は生産量を減らして価格を上げ、すべての会社に利益をもたらすことだった。その後、さらに多くの会社を買収した後、この複合企業はアメリカン・シュガー・リファイニング社と名付けられた。生産性の低い会社を廃し、他の会社との合併を繰り返した結果、アメリカン・シュガー・リファイニング社は非公式ながら、事実上精製糖の価格決定権を握ることとなった。1900年には、精製糖を販売するための子会社であるドミノ・シュガーを設立し、1907年には、アメリカン・シュガー・リファイニング社はアメリカの精製糖総生産量の97パーセントを占めるようになった。

ドミノ・シュガーは20世紀のアメリカで最もよく売れた砂糖ブランドである。

◉砂糖と奴隷制度

19世紀の中頃まで、南北アメリカの製糖業全体は奴隷制度の上に成り立っていた。イギリスなどのヨーロッパの奴隷貿易船が奴隷と交換するための商品を積み込んでアフリカで奴隷を買う。奴隷は南北アメリカやカリブ海で売られ、貿易船はその代金で砂糖を買う。船は砂糖をヨーロッパの母港に持ち帰る。これは「三角貿易」として知られるようになった。

砂糖プランテーションの奴隷たちは、サトウキビ畑や圧搾所、製糖工場で長時間の厳しい労働を強いられた。重労働や粗末な食事、黄熱病などの病気の流行、医療を受けられないことが原因で、奴隷たちの寿命は縮められた。特にブラジルやジャマイカでは、逃げ出して、内陸で自分たちのコミュニティーをつくる奴隷たちもいた。働き手が死んだり、いなくなったりすると、経営者は奴隷を補充しなくてはならない。そのため18世紀になってからの75年間に、西インド諸島だけでも120万人のアフリカ人奴隷が運ばれてきた。1700年から1810年のあいだには、バルバドス島で25万2000人、ジャマイカではさらに66万2400人が入ってきたと推定されている。特にカリブ海の島々では、奴隷の数はすぐにヨーロッパ人の数を上回った。1789年、サン＝ドミニクのフランス植民地では、わずか3万2000人という少数の白人が、およそ50万人の奴隷を支配していた。

ブラジルやカリブ海の島々では奴隷の反乱が頻繁に起こっていたが、力で鎮圧され、反逆者は大抵残酷な方法で処刑された。唯一成功した反乱は、1791年にサン＝ドミニクで始まった。フランス革命や、人間はすべて自由で平等であるとする人権宣言の理想に影響を受けたサン＝ドミニクの奴隷たちが、所有者に立ち向かったのだ。フランスはこの反乱を鎮めるために軍隊を送ったが、兵士たちは黄熱病と奴隷たちのゲリラ戦術に敗れた。1803年、反逆者側が勝利を収め、1804年1月1日、ハイチは南北アメリカで2番目の共和国として独立した。生き残った白人のプランテーション所有者や監督者たちは植民地から逃げ出し、ルイジアナやキューバへ渡った。かつてカリブ海一の生産高を誇ったハイチの製糖業は、その後も勢いを取り戻すことはなかった。

18世紀後半になると、ヨーロッパや北アメリカで奴隷制度に反対する声が高まった。クエーカー教徒［17世紀イギリスのピューリタン革命から発生したプロテスタントの一派］などは奴隷の労働によっ

1830年頃のハイチの砂糖工場跡。19世紀初めの奴隷の反乱のさなかに破壊された。

《奴隷の段階的廃止――少しずつ砂糖を止める》アイザック・クルークシャンク。1792年。

てつくられた砂糖を使わないようにしたが、そうした動きはまだ組織化されたものではなかった。イギリスでは、1791年に議会が奴隷貿易廃止法案の可決に失敗すると、奴隷廃止論者たちも奴隷につくらせた砂糖のボイコット運動に加わった。砂糖が使われるのはティーテーブルをかこむときだったことから、女性たちは率先して節制運動に取り組んだ。この運動は幅広い支持を集め、40万を超える人が加わった。

奴隷制度に反対したのは奴隷廃止論者だけではない。『国富論』（1776年）を著し、奴隷制度には利益をはるかに超えるコストがかかると主張したアダム・スミスのように、進歩的な経済学者もいた。また、18世紀のあいだに、自分たちに有利になるように法案をゆがめ、イギリス経済に打撃を与えた西インド諸島の農場主たちが、あまりにも大きな政治的発言力を持つことを懸念する声もあった。

イギリスにおける奴隷廃止運動の高まりは、奴隷を使わないインドの砂糖の輸入と消費を後押しした。当時、インドから輸入される砂糖はほんのわずかだったが、奴隷廃止運動が勢いを増すにつれて需要が増え、19世紀初頭にはインド産の砂糖がイギリスで広く普及していた。クエーカー教徒たちはアジアの砂糖を売る「自由農産物連盟」を設立した。

アメリカでは奴隷制廃止論者がテンサイ［ビート。高緯度地方で栽培可能で、砂糖の原料になる］を栽培し、カリブ海から輸入された砂糖の購入を控えようとした。アメリカのクエーカー教徒たちも

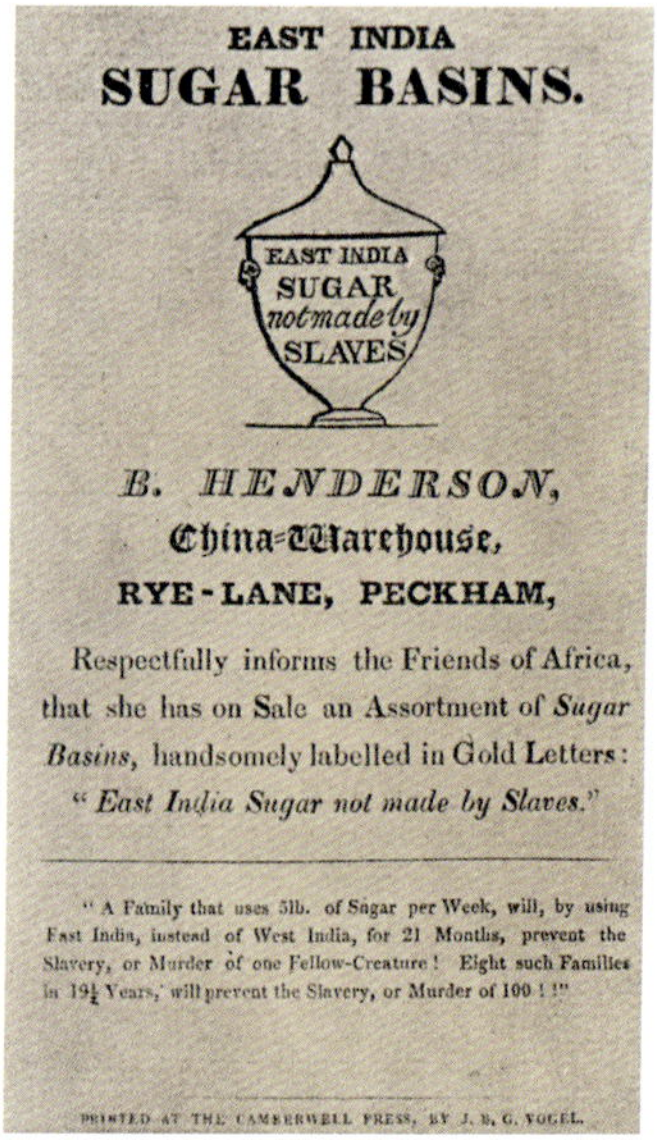

奴隷制廃止論者の広告。奴隷を使わずにつくられるインドの砂糖を宣伝している。

砂糖の代わりになるカエデ糖業を支援し、１７８０年代の初めには、少量ながらカエデ糖がつくられるようになった。１７８９年には、この産業を軌道に乗せるため、フィラデルフィアの人々が一定量のカエデ糖を固定価格で買うことに合意した。特に、クエーカー教徒は「自分たちの食欲を満たすために、サトウキビを栽培する黒人たちが耐えなければならない鞭打ちの数を減らすために」カエデ糖の使用を奨励した。『アルマニャック』紙は、読者にカエデ糖は「奴隷たちのうめき声や涙が混ざった」甘蔗糖よりも甘いので家庭でつくるようにと勧めた。１８３０年代には、親たちに子供が菓子店でキャンディなどを買うのを止めさせようとうながす記事が『エピスコパル・リコーダー』や『カラード・アメリカン』紙に掲載された。

節制やその他の奴隷制廃止のための努力はようやく実を結んだ。1807年3月3日、トマス・ジェファーソン第3代アメリカ合衆国大統領は「アメリカ合衆国の管轄内にあるどの港や場所においても奴隷の輸入を禁止する」と謳った法案に署名した。その3週間後、イギリスでは貴族院が奴隷貿易禁止法を可決する。しかし奴隷制はイギリス領西インド諸島では1834年、フランス植民地では1848年、アメリカ合衆国では1866年まで続いた。キューバでは1886年、ブラジルでは1888年まで奴隷を使い続けた。

19世紀後半の真空釜、遠心分離機、蒸気動力を使った製糖所などの技術の発展によって多少は改善されたものの、製糖には依然として多くの労働者が必要だった。奴隷解放後、自由になった奴隷たちは砂糖プランテーションで働くことを嫌がったため、労働力の需要を満たすために、製糖業者はインドや中国から契約労働者を調達するようになる。何十万もの契約労働者が砂糖栽培地域に押し寄せ、その多くは契約期間満了後もそこに留まった。

●キューバの砂糖

サン＝ドミニクの製糖業が破綻すると、すぐにその恩恵を受けたのがスペインの植民地であるキューバだった。この島では1523年からサトウキビの栽培が始まっていたが、外国船との取引を禁じる法律や奴隷の輸入に対する制限といったスペインの政策が原因で、製糖業は十分に発達していなかった。

キューバの製糖業は1762年になってようやく軌道に乗る。七年戦争中のこの年、キューバ第一の都市ハバナを10か月ほど支配したイギリス人が、何万人もの奴隷をキューバに連れてきた。戦争が終わってイギリス人が撤退した後も、キューバの砂糖生産者は自由な政策を求めた。そのためスペインは奴隷の輸入に関する法規制を緩め、キューバに外国船との取引を認めた。1780年代には1万8000人以上、1790年代から1800年代には12万5000人以上の奴隷がキューバにやってきた。キューバの製糖業は繁栄し、大量の砂糖が輸出され、ヨーロッパやアメリカから加工品が入ってきた。1790年のキューバの砂糖生産量は1万5000トンにすぎなかったが、変化が起ころうとしていた。

サン＝ドミニクで奴隷の反乱が起こっていた時期に、フランス人は奴隷を連れてこの島からキューバに移住し、そこで砂糖プランテーションと工場を建設した。キューバの砂糖生産量は輸送システムの発展によって増加した。新しい道路、そして後には鉄道が整い、製糖所から輸出港まで砂糖を輸送できるようになった。同じ頃、イギリスやフランスの支配下にあった島々で奴隷の解放が進んだことから、カリブ海の他の島々で砂糖の生産量が減った。キューバは奴隷制を維持し、瞬く間に世界で最も費用効率の高い砂糖生産地となった。砂糖はキューバの輸出品目第1位となり、アメ

キューバにおけるサトウキビの圧搾。『図解　キューバの大量生産——実業家のための手引き *Commercial Cuba: A Book for Businessmen: Illustrated*』（1899年）より。

リカが主要貿易相手国となった。小規模な製糖所は閉鎖され、もっと効率のよい大規模な工場がサトウキビ栽培者と取引しはじめた。

キューバの砂糖はアメリカ南北戦争（1861〜65年）中に再び急成長する。ルイジアナの砂糖プランテーションが壊滅状態になり、世界の市場で砂糖価格が急騰したためである。1840年代から1870年代のあいだ、キューバは世界の砂糖の25〜40パーセントを供給していた。

キューバの製糖業は1868年から1878年まで続いた反乱［第一次キューバ独立戦争。独立には至らず］のあいだに停滞した。戦争中に多くの製糖業者がキューバを離れ、近くのドミニカ共和国で開業する人もいた。1886年の奴隷解放後、奴隷たちの多くはプランテーションを去り、製糖業で働くことを拒否した。そのため、キューバは契約労働

キューバの砂糖工場（19世紀）

者の確保に乗り出し、その後の数十年間で、スペイン、アメリカ、中国、ハイチ、そしてカリブ海の他の島々から120万人の移民が流入している。

深刻な問題はもうひとつあった。ヨーロッパやアメリカで栽培・製糖されるテンサイとの競争が激しくなったのだ。しかし一方で、アメリカの大企業からは、キューバの製糖業への投資がどんどん増えていた。1890年にはそうした企業のロビー活動により、キューバから輸入される精製糖への関税を撤廃するマッキンレー関税法が、アメリカ議会で可決される。1896年には、砂糖トラストだけで19のキューバの製糖所を所有していた。

キューバからアメリカへの砂糖の輸出が急増すると、アメリカからキューバへの加工品の輸出も増えた。1894年には砂糖の生産量が110万トンに達する。しかしその後、テンサイ栽培者とアメリカの製糖業者によるロビー活動の結果、キューバから輸入される砂糖の関税が40パーセント引き上げられる。キューバの宗主国スペインは報復として、アメリカからキューバへの輸入品に関税をかけた。キューバの粗糖の価格は急落し、アメリカからの輸入品の価格が高騰した。プランテーションの労働者は解雇され、その多くはスペインからの独立を求めて戦うキューバのゲリラ集団に加わった。ゲリラはサトウキビ畑だけでなく製糖所も破壊したため、スペインの植民地政府は反乱を鎮圧するために、強制収容所をつくるなど、厳しい手段で報復した。その結果起こった残虐行為がアメリカの多くの新聞で報じられ、「イエロージャーナリズム」として知られるようになった扇情的な記事が、アメリカの世論を揺るがせ、ゲリラを支持する側へと向かわせていく。

●アメリカ・スペイン戦争とその余波

1898年2月、アメリカの戦艦メイン号が爆発し、ハバナ港に沈んだ。原因は究明されなかったものの、アメリカはスペインを非難した。爆発から2か月後、アメリカはスペインに宣戦布告した。5か月におよぶ戦いで、アメリカ軍はキューバ、プエルトリコ、グアム、フィリピン諸島を占領した。アメリカはさらに、当時アメリカの製糖業者が支配していたハワイも併合した。

戦争が終結し、プエルトリコ、ハワイ、フィリピン諸島の砂糖の生産量はある程度まで増えたも

サトウキビの刈り取り（20世紀初期）

のの、水車や密閉型加熱炉、蒸気エンジン、改良型真空釜などを使った新しい精糖法の登場で、キューバの生産量が急激に伸びた。それに伴ってキューバの砂糖に対するアメリカの投資も急増した。１９１９年には、アメリカはキューバの製糖業の約40パーセントを支配していたと見られる。１９２５年、キューバの砂糖生産量は３５０万トンに達した。

●歴史を振り返って

コロンブスが初めてカリブ海に航海した１４９２年から4世紀のあいだに、製糖業は大きく変化した。生産の中心は地中海や大西洋の島々から南北アメリカへと移り、プランテーションの労働力の基盤は奴隷から契約労働者へと変化した。おもに人の手によって行なわれていたサトウキビの収穫や粉砕、加工は、機械や科学が生み出した最新の技術を使った工業システムへと変わり、生産の舞台は小規模なプランテーションや製糖所から、多国籍企業を中心とした製糖工場へと移った。こうした進歩のすべてが、世界じゅうで砂糖価格の急落と消費の急増を引き起こすことになったのである。

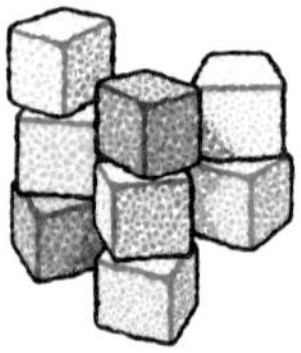

第3章 ◉ 世界に広がる砂糖

テンサイ（学名 *Beta vulgaris*）は地中海沿岸原産で、その根や葉は新石器時代からヨーロッパや中東で広く使われてきた。ギリシア人やローマ人はテンサイを庭に植えて育て、医師はさまざまな病気の治療薬として処方した。テンサイは中世も園芸植物として栽培され、15世紀にはヨーロッパじゅうに広まっていた。16世紀の植物誌には、淡色の甘い品種も含めて数種類のテンサイが載せられている。テンサイについての記録は、フランスの農学者オリヴィエ・ド・セールが『農業経営論 *Theatre d'agriculture*』（１６００年）で言及したのが最初で、テンサイの根は「最高の食品に数えられ、調理したときに出る汁はシュガーシロップのようだ」と書かれている。

テンサイは丈夫な作物である。サトウキビと違って温帯気候や亜寒帯気候で育つ。耐寒性があり、干ばつや洪水にも耐える。生育期間が比較的短いため、二期作が可能である。根（ビートルート）

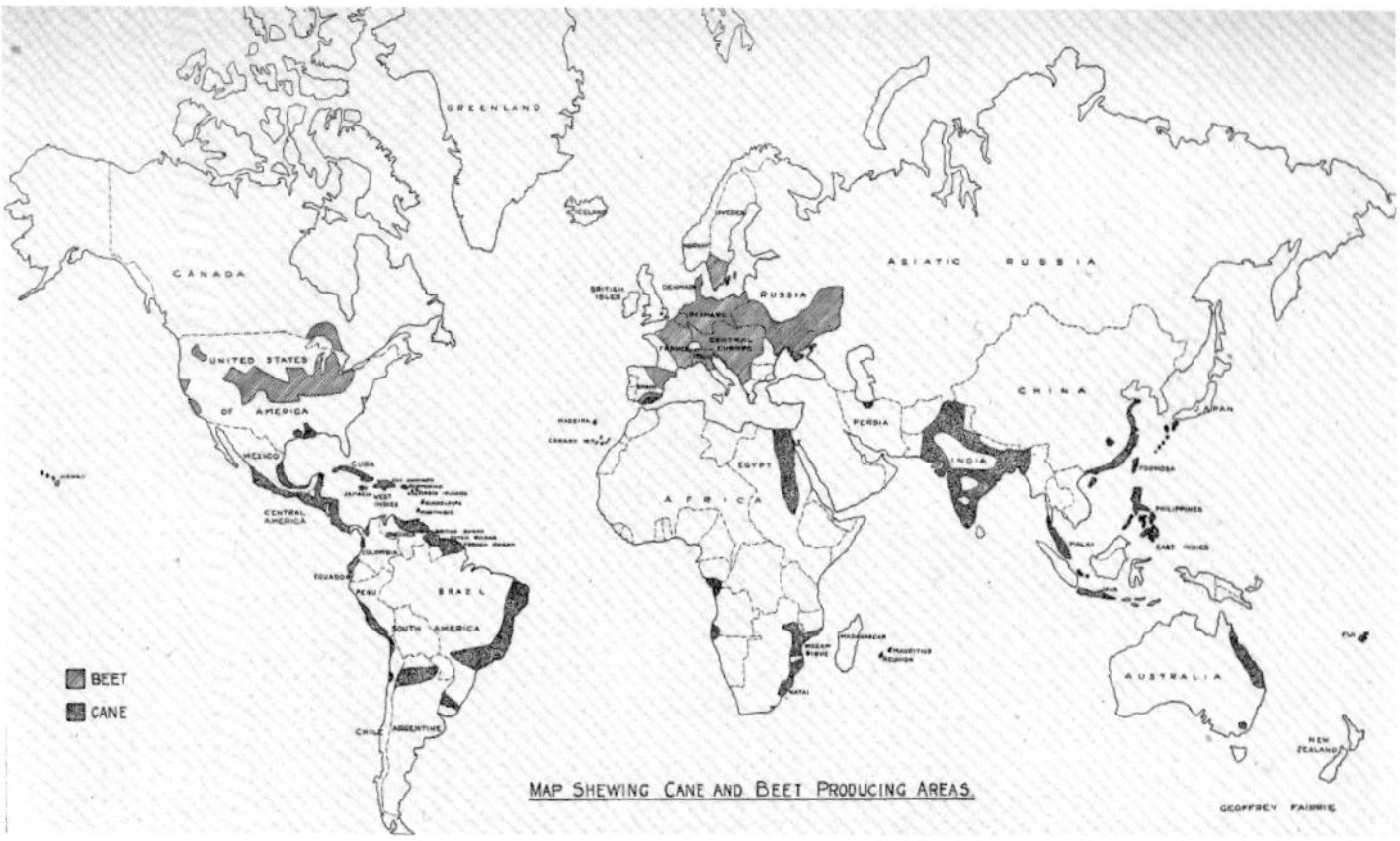

1930年代の世界のサトウキビとテンサイの栽培地域

は乾燥させておけば保存が可能であり、牛や馬の優れた飼料にもなる。17世紀のあいだに、テンサイはヨーロッパで農作物として普及した。

ビートルートのもうひとつの重要な特性を発見したのは、プロイセンの化学者アンドレアス・S・マルクグラーフだった。1747年、マルクグラーフはベルリン科学アカデミーで、ビートルートから少量の蔗糖を抽出したことを報告する論文を発表した。この実験で使われた種類のテンサイから取り出せる砂糖の量はごくわずかで、抽出方法は実用性が低く、効率も悪かったが、この発見は期待できるものだった。抽出方法が改善されれば、非熱帯気候の国々でも砂糖を自給でき、輸入の必要がなくなるからだ。プロイセン政府はその後数十年にわたって、何度かテンサイ糖の研究に資金を提供した。

マルクグラーフは1761年に再度実験を行ない、食パン数個分の砂糖をつくることができたが、商業化す

上：フランツ・カール・アシャール
（1753～1821）

下：アシャールのテンサイ糖工場
（シレジア）

るには依然として実用性に乏しかった。1782年のマルクグラーフの死後は、弟子のフランツ・カール・アシャールがテンサイの実験を引き継ぎ、より多くの砂糖が抽出できる品種があることを発見した。アシャールは1799年にマルクグラーフの方法を完成させると、テンサイから結晶化させた砂糖数ポンドをプロイセン王のフリードリヒ・ヴィルヘルム3世に献上した。その2年後、アシャールはヴィルヘルム3世から、シレジア［現在のポーランド南西部からチェコ北東部］に工場を建設してこの方法を試すための資金援助を得た。テンサイについて多くのことを解明したアシャールは、今日《こんにち》では商業ベースでテンサイ糖を抽出した最初の人とされている。アシャールによって蔗糖の含有量が最も多いことが判明した白いビートルートは、その後、品種改良に使われるようになった。アシャールはさらに甘蔗糖を輸入するよりも国内でテンサイ糖をつくるほうが安価であると主張したが、工場の成功には至らなかった。

テンサイ糖業はナポレオン戦争［1796～1815年。フランス革命防衛戦として始まった戦争で、ナポレオンが指揮をとった］中に息を吹き返した。その頃、イギリスの経済封鎖を狙って大陸制度を推し進めていたフランスが、支配下、あるいは同盟関係にあるヨーロッパ諸国に対し、イギリスやその植民地からの輸入に制限をかけたためである。このなかに、以前からヨーロッパに大量に出回っていた、イギリス領西インド諸島から輸入される砂糖も含まれていた。

1791年、フランスの植民地サン＝ドミニクで奴隷の反乱が起こったため、カリブ海のフラ

ナポレオンのテンサイ糖業支援を風刺する絵

ンス植民地から輸入される砂糖の量が減った。戦争中、イギリスが大陸のフランス支配下の港を封鎖したため、砂糖はどの産地からも輸入が困難になった。フランスがテンサイ糖の製造に報奨金を提供したことから、ヨーロッパ大陸ではフランス北部を中心にテンサイ糖工場が建設され、その数は100を超えた。砂糖の抽出はうまくいったが、1815年に平和が戻るとテンサイ糖業は廃れ、カリブ海から再び安い砂糖が入ってきた。

しかし、テンサイは忘れられてはいなかった。フランスの種苗会社で植物の品種改良のパイオニアでもあるヴィルモランは、テンサイの砂糖の含有量を増やすことを目的とした品種改良実験を始めた。1837年、この会社は蔗糖の含有量が多いテンサイ（学名

B. vulgaris var. altissima）を発売した。同時に、テンサイ糖の製造コストを下げる、新しい抽出技術も開発した。テンサイ糖業はドイツ、フランス、ベルギー、オーストリア・ハンガリー帝国、ロシア、スカンジナビアで復活し、最終的には、根に20パーセントの蔗糖を含む品種が開発された。

こうして砂糖含有量の多い品種が開発され、抽出方法も改良されたが、依然としてテンサイ糖を抽出するより、甘蔗糖を輸入するほうが安上がりだった。初めのうちは、奴隷の労働によってつくられた甘蔗糖を買うことに反対するクエーカー教徒や奴隷廃止論者が、テンサイ糖の製造を支持した。19世紀中頃にカリブ海で奴隷が解放されると、テンサイ糖はイギリスやフランスでの支持を失った。カリブ海で奴隷制が廃止されたことで砂糖価格は上昇するはずだったが、テンサイやサトウキビの生産が世界じゅうに広まったため、19世紀を通して砂糖の価格は下落した。テンサイ事業の支援に関心を寄せる政府は、輸入される砂糖に高い関税や数量割当を課し、国内のテンサイ栽培者を優遇した。政府の介入の結果、ヨーロッパではテンサイ栽培が広がり、19世紀後半には数百もの工場が開業した。政府の支援は20世紀に入っても続き、20世紀末にはヨーロッパは砂糖の輸出額が輸入額を上回る純輸出国となった。

テンサイは南北アメリカでも栽培された、それを砂糖に変えようという試みは1830年代には始まっていた。しかし、それが成功して軌道に乗るのは、アメリカでは1870年代、カナダでは1880年代のことになる。政府の保護と支援もあり、テンサイ事業は20世紀の初めに急速

収穫期のテンサイ畑（1930年代）

コロラド州シュガー・シティのテンサイ畑で働く子供たち（1915年）

カナダやアメリカでは、カエデ糖は今でも重要な甘味料である。トマス・コナントの『アッパー・カナダのスケッチ *Upper Canada Sketches*』（1898年）より。

に広まった。また、収穫の機械化などの技術の進歩によって、生産量も効率も上がった。

◉アフリカ、アジア、オセアニアの砂糖

温帯地域でのテンサイ栽培が増えると同時に、熱帯気候のアフリカ、アジア、太平洋でのサトウキビ栽培と製造も拡大した。ナポレオン戦争中にイギリスが獲得したインド洋の植民地モーリシャスはサトウキビ栽培に最適な熱帯気候であったため、1829年にサトウキビが持ち込まれた。しかしサトウキビ産業は、拡大とともに著しい労働力不足に直面する。イギリスの植民地所有者は契約労働者を募ることによってこの問題を解消し、インドから何万人もの労働者が流入した。

19世紀の中頃、世界の砂糖の9・4パーセン

トを生産するようになっていたモーリシャスは、西インド諸島の砂糖生産が落ち込むと、イギリスの主要な供給元のひとつとなった。労働者のほとんどが契約期間終了後も、インドへは戻らずにモーリシャスに留まったため、1975年の独立時、モーリシャスの人口の大多数はインド系だった。モーリシャスは今もサトウキビの栽培を続け、そのおもな買い手はEU（ヨーロッパ連合）である。

現在は南アフリカ共和国の一部となっているナタールでも、サトウキビが栽培されていた。1887年に隣接するズールーランド（現在のクワズール・ナタール州）が併合されると、サトウキビの栽培地域も広がった。ここでも栽培者にとっての大きな問題は労働力を見つけることだった。アフリカ人は栽培者が提示する条件と賃金で働くことをよしとしなかった。労働者はインドから調達されたが、こうした労働者も仕事を嫌い、他の職に移っていった。また、多くはインドへ戻らずに、南アフリカに残って他の商売を始めた。インド人に代わって、ナタール、クワズール、モザンビークなどのアフリカ南部から移住してきたアフリカ人と大勢の子供たちが働くようになった。

サトウキビは先史時代、サトウキビを持って長い航海に出たポリネシア人やメラネシア人によって太平洋の島々にもたらされた。こうした人々は新しい島々に着くと、サトウキビを植えた。イギリス人が最初にオーストラリアにサトウキビを植えたのは1788年のことである。最初はシドニーに持ち込まれたが、サトウキビを育てるには寒すぎた。1860年代になるとイギリス人による製糖業が始まった。クイーンズランド州では最初、受刑者を労働力とし、ニューサウスウェールズ

カリフォルニア・ハワイ砂糖会社の工場（1990年代初め）

州はポリネシアの島々から契約労働者を集めた。クイーンズランドではまず小規模農家がサトウキビ栽培を始めたが、１８８０年代にはメラネシアからの契約労働者を使ったプランテーション式のサトウキビ栽培へと変わった。クイーンズランドは森林の大部分を農地に変え、砂糖を主要作物とした。

１９００年になると、製糖業はアメリカで最も重要な産業のひとつになっていた。サトウキビはルイジアナやテキサス、新たに領土となったプエルトリコ、フィリピン諸島、ハワイなどで広く栽培された。テンサイはユタやカリフォルニアなどの西部の州で栽培された。東部の多くの都市では、精製糖が以前にもまして大きな役割を果たすようになる。最も重要なのはニューヨークのハブマイアーの事業だった。前述のように、１８８７

年にヘンリー・O・ハブマイアーは他の製糖業者と共同経営会社を設立した。これは精製糖会社と呼ばれ、一般には砂糖トラストとして知られる。

1835年、アメリカのラッド社は砂糖の栽培と圧搾のために、ハワイ諸島カウアイ島の土地を借り、他の会社もこれに倣った。先住民のほとんどが砂糖プランテーションで働こうとしなかったため、栽培者は安い労働力を海外に求め、まず中国人男性（女性は意図的に除外された）が契約労働者として入ってきた。1860年にはハワイの砂糖プランテーションの数は29になり、この地域の砂糖のほとんどがアメリカに輸出された。1866年にハワイ諸島を訪れたマーク・トウェインはサトウキビ栽培に感銘を受け、ハワイは「その驚くべき生産性は、まさに砂糖界の王だ」と言っている。1875年、ハワイとアメリカはハワイの砂糖の免税輸入を認める互恵条約に調印した。

翌年、カリフォルニアでテンサイ糖工場を経営していたドイツ系移民のクラウス・スプレッケルスがハワイを訪れ、すぐにハワイの砂糖のほとんどを買い取ることにした。結局、スプレッケルスは1880年代まで、カリフォルニアとハワイ諸島で生産される砂糖のほとんどを支配した。

1882年には、ハワイの製糖業の労働力全体に占める中国人労働者の割合は49パーセントに達し、ハワイの政治指導者は外国人居住者の数が多いことに懸念を抱くようになった。その翌年、ハワイは中国からの移民の受け入れを止め、中国人労働者のほとんどが島を去った。1887年、アメリカの砂糖業者たちは、不利な内容の憲法をハワイの王に認めさせ、この国の権限のほとんどを手に入れた。1893年には、アメリカ海兵隊の支援を受けた欧米の実業家たちがハワイの王制を転覆させ、その後、さらにアメリカ連邦議会に圧力をかけてハワイ諸島の併合をうながした。その結果、アメリカ・スペイン戦争中の1898年、ついにハワイはアメリカに併合される。

ハワイではサトウキビ畑や製糖所で働く労働力が必要だった。沖縄、韓国、プエルトリコ、ポルトガル、フィリピンから砂糖工場で働く労働者がやってきたが、そのなかで多数を占めていたのは、1865年以来、契約労働者としてハワイへやってきた日本からの移民だった。日本人労働者の多くは契約期間が終わってもハワイにとどまったため、その子孫は現在、ハワイ諸島で最大の少数民族となっている。

1906年につくられたカリフォルニア・ハワイ砂糖会社（C&H社）はハワイの砂糖プランテーションを支配し続けたが、1930年代になると砂糖プランテーションは他の用途に使われるようになった。現在、ハワイ諸島に残っているサトウキビ農園はひとつのみである。C&H社は現在、フロリダ・クリスタルズ社とフロリダのサトウキビ生産者協同組合が所有する会社アメリカン・シュガー・リファイニング社（ドミノ・シュガー）の一部になっている。

フロリダはサトウキビの生育に理想的な場所ではない。亜熱帯気候であり、時折寒波に見舞われ、収穫期のサトウキビが壊滅してしまうこともある。南部のほうが生育に向いているが、その大部分

砂糖の袋詰め作業。カリフォルニア・ハワイ砂糖会社の工場にて。

はエバーグレイズ国立公園が占めている。19世紀後半には、砂糖プランテーションと圧搾所がフロリダ東部に建設された。スペインは1821年にフロリダをアメリカ合衆国に譲渡し、サトウキビ産業は急速に拡大したが、ルイジアナの国産砂糖やカリブ海からの安価な輸入品には太刀打ちできず、プランテーションは伸び悩んだ。

フロリダのサトウキビは、USシュガー・コーポレーションがこの地に進出した1930年代になって、ようやく2度目の足掛かりを得た。1940年代初めまではかろうじて利益を上げている程度の会社だったが、41年にアメリカが第二次世界大戦に参戦すると砂糖の需要が急増し、サトウキビの作付面積が広がった。しかしこれはほんの始まりにすぎなかった。フロリダ南部の人口集中地域を嵐の被害から守るため、1948年に陸軍工兵部隊はエバーグレイズ［フロリダ州南部の広大な湿地帯］の水を抜き、灌漑システムを整備した。その後50年のあいだに、エバーグレイズの半分以上で水が抜かれ、干拓された土地はエバーグレイズ農業地域となった。そこにはどんな作物でも植えることができたが、この地域の気候――そして連邦政府の補助金――の後押しもあって、農場主はサトウキビを栽培するようになった。

1959年にフィデル・カストロがキューバの支配権を握ったことから、アメリカはキューバから買い入れる砂糖の量を大幅に減らした。その報復措置として、カストロはキューバの砂糖事業を国営化したが、その多くはアメリカ人の所有するものだった。1961年、アメリカはキューバの砂糖の輸入を全面的に停止することで応酬した。ファンフール一族のような裕福な砂糖栽培者や製造者の多くはキューバから逃げ出し、南フロリダに土地を買ってサトウキビを植えた（同一族はドミニカ共和国の砂糖プランテーションも手に入れている）。

1962年、USシュガー・コーポレーションはフロリダのウェストパームピーチの近くにブライアント製糖工場をオープンした。それは世界で最も現代的な製糖所だった。1980年代のはじめには、USシュガー・コーポレーションは州で最大の製糖業者となり、フロリダはアメリカで砂糖の生産量が一番多い州となった。この成功の一因は農務省にあった。1979年以来、国内の栽培者に補助金や「ノンリコース型ローン［返済義務のない融資。ただし金利は高い］」を提供すると同時に、ドミニカ共和国やブラジル、フィリピンからの砂糖に輸入割当制〔国外からの特定の品目の輸入量や輸入金額を制限する制度〕を課していたためである。

補助金は最大手のサトウキビ栽培者やテンサイ農家に払われるなど、その行方には偏《かたよ》りがあった。1991年には補助金の42パーセントがわずか1パーセントの栽培者に集中している。外国との競争から保護され、国から補助金を受けた砂糖に対して、1985年以降、アメリカの消費者は国際市場価格よりも1ポンド当たり8～14セント高い金額を支払い、そのうえ、税金というかたちで補助金も負担していたことになる。砂糖は加工食品の多くに加えられているため、こうした補助金のせいで食費はかなり押し上げられることになった。補助金、輸入割当制、高い関税の追い風を受けたアメリカの製糖業者は、2000年にはアメリカで消費される粗糖の60パーセントを国内でつくるまでになっていた。

2008年以来、北米自由貿易協定のおかげで、関税を課されなくなったメキシコはアメリカやカナダへの砂糖の輸出が以前よりも容易になった。これがメキシコのサトウキビ栽培と製糖業の発展に拍車をかけた。現在、メキシコの砂糖の生産量は世界で7位であり、2013～14年には、アメリカ人の消費する砂糖の約15パーセントを供給している。

キューバの砂糖プランテーションでのサトウキビの刈り取り（1904年）

◉戦争と革命

アメリカ・スペイン戦争中の１８９８年、アメリカ軍はキューバを占領した。１９０３年にキューバは独立し、両国は互恵条約に調印したが、そのさまざまな規定のなかには、キューバからアメリカに輸入される砂糖の関税を20パーセント引き下げるという内容が盛り込まれていた。関税が課せられていても、キューバの砂糖の売り上げはアメリカ産の砂糖を上回り続けた。その後10年のあいだ、キューバはアメリカに輸入される砂糖の主要な供給元となった。チャルニコフ・リオンダ社やキューバ貿易会社といったアメリカの会社は、キューバの砂糖事業を買収した。１９３６年には、これらの会社の後継者で

『パック』誌の表紙。「キューバ産砂糖の関税削減」と書かれた皿を差し出すアンクル・サム［アメリカ合衆国を擬人化した架空の人物］を退けるキューバ。1902年。

あるアルフォンソ・ファンフール・シニアが、キューバの大規模なサトウキビ栽培農家へ婿養子に入ったため、その資産が統合され、キューバ最大の、そして世界でも有数の砂糖事業者となった。

アメリカのテンサイ糖業が拡大するにつれて、砂糖の価格は落ち込んだ。1929年に世界大恐慌が起こったため、議会はスムート・ホーリー法［きわめて高い関税を農作物など2万以上の輸入品に課した法律］を成立させ、輸入される砂糖の関税を引き上げることによって、国内の砂糖産業を守ろうとした。砂糖価格は急落し、キューバの砂糖業界は苦しんだ。1934年、アメリカの議会は砂糖規制法（ジョーンズ＝コスティガン法）を可決することによって砂糖の輸入を管理し、国内の生産や製糖を支援した。しかし、第二次世界大戦後にはキューバからの砂糖の輸入は回復し、アメリカで消費される砂糖全体の25～51パーセントを占めるようになった。

1959年にキューバ革命が起こり、61年にはキューバは砂糖産業を国営化し、プランテーションを差し押さえて国営事業とした。政府は労働者に終身雇用を約束し、生産目標達成のために圧力をかけたが、奨励金が出なかったことから生産性は落ちた。1968年には、収穫高があまりにも低かったため、キューバは生産目標を達成させるため収穫に軍隊まで動員した。

1961年、アメリカがキューバとの外交関係を断絶するとともに砂糖の輸入を止めると、ソビエト連邦と東ヨーロッパ諸国がその隙間を埋めるかたちになり、その後の30年間、キューバの砂糖の87パーセントを買っていたと見られている。1991年にはソビエト連邦が崩壊し、キューバの砂糖産業も同じ道をたどった。156あった製糖所のうち71が閉鎖され、サトウキビ畑の60パーセントが野菜畑や牧場に変えられた。しかし、サトウキビからエタノール（自動車の燃料となる種類のアルコール）をつくる方法が考案されたため、21世紀に入ってからキューバの砂糖産業はふたたび活性化した。

◉イギリスの砂糖

17世紀中頃まで、イギリスは地中海や大西洋の島々から粗糖を輸入し、それをロンドンや他の都市に運んで精製することに甘んじていた。1600年代の中頃、イギリスは他のヨーロッパの国々から砂糖を買うのではなく、バルバドスやジャマイカといった西インド諸島の植民地獲得に目を向けるようになり、これらの島々は砂糖の主要産地になった。19世紀になると、イギリスの実業家たちがインド洋のモーリシャスや南アフリカのナタール、オーストラリア北東部のクイーンズランドといったさまざまな場所にサトウキビ栽培や製糖事業を立ち上げた。

19世紀中頃、イギリスの精糖業はヘンリー・テートとエイブラム・ライルというふたりの事業家に支配されていた。リバプールの食料雑貨商として成功していたテートは、同じリバプールにあるジョン・ライト社の精糖所の共同経営者になった。テートは1869年にこの会社を引き継ぎ、

イギリスの煮沸場（1700年代頃）

サトウキビの刈り取りからロンドンでの精製までの過程を描いた挿絵（1830年代頃）

ヘンリー・テート&サンズと改名した。さらにリバプール、シルバータウン、そしてロンドンに精糖所をつくり、そこで角砂糖を生産した。

テートのおもな競合相手であるスコットランドの実業家エイブラム・ライルは、1865年に共同出資者とともにスコットランドのグリーノックにあるグリーブ精糖所を買収し、その6年後、ロンドンの東部に精糖所を建設した。この工場では、ジャムづくりや料理の甘味料で、テーブル・シロップとして使われる、色が薄くて風味豊かな液体甘味料ゴールデンシロップがつくられた。ゴールデンシロップという名は1904年に商標登録されたが、これはイギリスで最初に商標登録された名称だと考えられている。1921年、これらのふたつの会社が合併してテート&ライルとなり、イギリス最大の精糖業者のひとつとなったが、2010年にその精製事業をアメリカ精糖会社に売却した。

テンサイは19世紀後半にはイギリスで栽培されていたが、その事業が軌道に乗ったのは、第一次世界大戦が始まり甘蔗糖の輸入が困難になってからだった。この産業は1920年代には繁栄したものの、世界大恐慌中には苦しい状況に追い込まれた。1936年、イギリスはテンサイ産業を国営化し、いくつかの会社を合併させてブリティッシュ・シュガー社の母体をつくった。このブリティッシュ・シュガー社は1991年、アソシエイテッド・ブリティッシュ・フーズ（ABF）の子会社となっている。現在のイギリスでは、輸入したサトウキビよりも、イギリス産のテンサイ

合併したばかりのテート＆ライルが勧める砂糖の使用法

糖を使って製糖するほうが多くなっている。

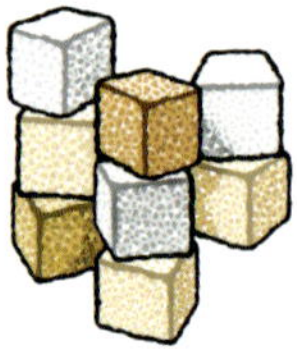

第4章◉砂糖の用途

砂糖の歴史のかなりの期間、切り取ったサトウキビの茎を吸ったり噛んだりし、その甘い汁を楽しむしか砂糖を味わう方法はなかった。しかし、少なくともこの2500年間、サトウキビ栽培地域に暮らす人々は、その汁やそれからつくる加工品を使って食べものに甘味をつけたり、アルコール飲料をつくったりしてきた。古代のインド亜大陸では、デーツ（ナツメヤシ）からつくったワインにサトウキビを加えた。フルーツジュースに砂糖で甘味をつけたり、砂糖水にハーブで香りをつけ、他の飲みものに加えたりすることもあった。インドの叙事詩『マハーバーラタ』を書いたとされるクリシュナ＝ドゥヴァイパヤナ・ヴィヤーサは、砂糖と5つの材料――ミルク、すりごま、米、砂糖、スパイス――から成る流動食、クリサラでつくる菓子について言及している。材料と濃度は変化したものの、この組み合わせは廃れることなく伝えられ、パンチ（サンスクリットで5を表す語panch に由来する）となった。最初、これらの食べものや飲みものは、裕福な家庭や特別な祝祭時だけのものだった。しかし13世紀になると砂糖はインドでも豊富に出回るようになり、サトウキビの栽培地域ではさほど豊かではない層にも行き渡るようになった。

13世紀になると、砂糖は中国南部や東部でもありふれたものになった。宋の作家、呉自牧《ごじぼく》は『夢《む》粱録《りょうろく》（過去は夢のごとく）』のなかで、中国東部の杭州には7つの製菓店があり、色のついた花形のキャンディ、もち米の粥《かゆ》、綿菓子、風味づけされたペースト、麝香《じゃこう》の香りの砂糖、果物のシュガーシロップ漬けなどが売られていると記している。13世紀中頃の中国の料理本で現存するのは2冊だが、そのどちらにもサトウキビの加工品でつくったケーキやキャンディ、シロップのレシピが載せられている。『中国の砂糖と社会』（1998年）の著者であるスチェタ・マズムダルの計算によると、片方の本のレシピのうち約17パーセント、もう一方の本の25パーセントが砂糖を使っている。また、どちらにも果物や野菜の砂糖漬けのレシピが載せられている。旬に大量に出回る果物や野菜は収穫後すぐに腐ってしまうため、こうした調理法はかなり役に立ったであろう。砂糖漬けにしておけば、新鮮な農作物が手に入らない時期にそれらを楽しむことができる。さらに、砂糖は熟していない果物や熟しすぎた果物の不快な匂いを隠してもくれる。砂糖漬けの果物や野菜は中国南部一帯では人気が高く、屋台や茶館、酒家《しゆか》でも売られていた。

氷砂糖はサトウキビシロップを過飽和点［溶質の量が飽和状態より多く含まれる状態］まで煮詰め、

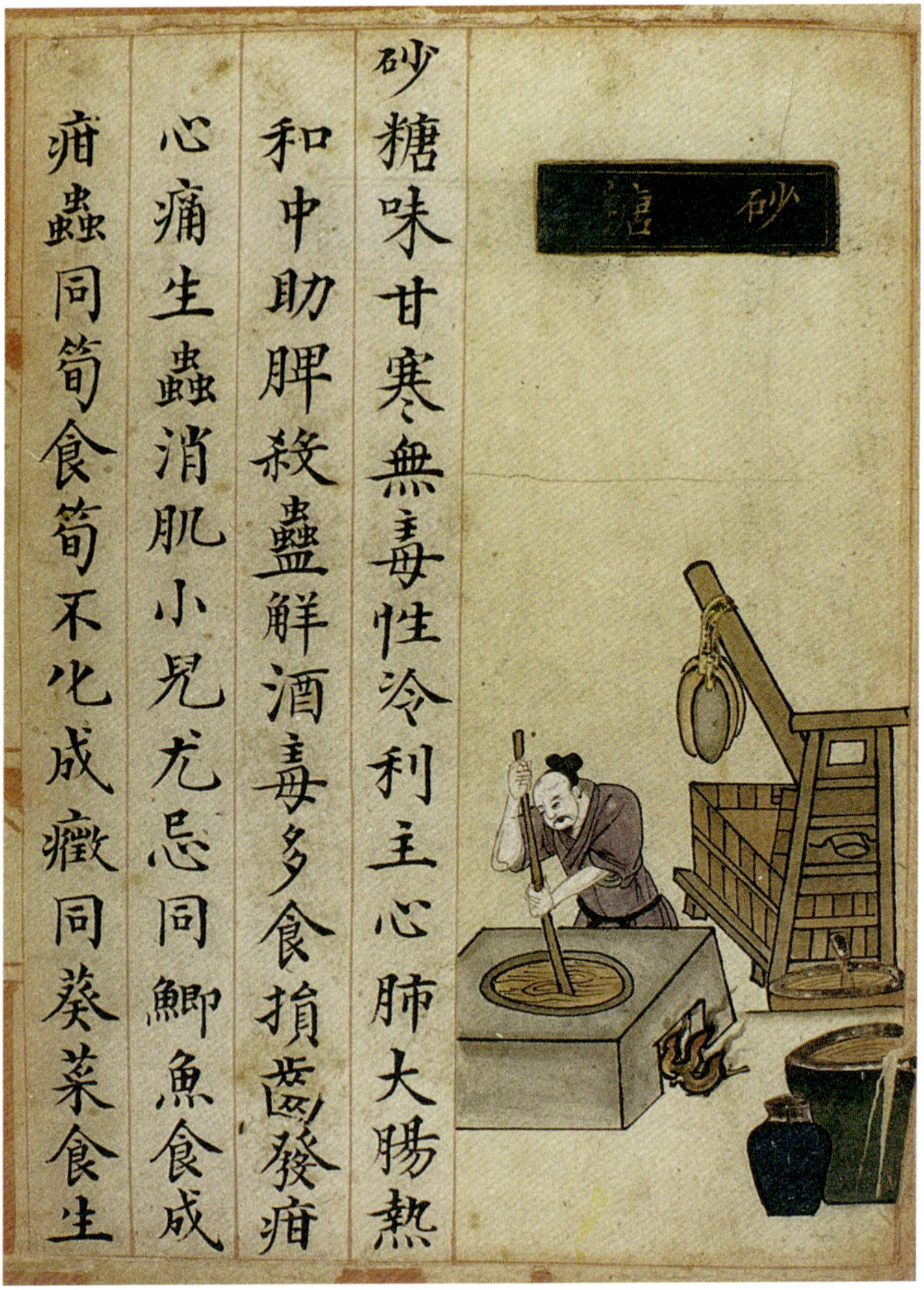
砂糖
砂糖味甘寒無毒性冷利主心肺大腸熱
和中助脾殺蠱解酒毒多食損齒發疳
心痛生蟲消肌小兒尤忌同鯽魚食成
疳蟲同筍食筍不化成癥同葵菜食生

グラニュー糖（沙糖）。明（1368～1644年）の時代にさかのぼる草本誌、『食物本草』（食療本草）より。男性の後ろには、サトウキビの汁を抽出する圧搾機がある。

それを型に注ぎ、天日で乾燥させてつくる。また、シュガーペーストと松の実（あるいはクルミ）の粉末を型に詰め、花や動物、鳥、果物をかたどった食べられる彫刻もつくられた。砂糖と木の実の粉末という組み合わせは、後にマジパンと呼ばれるアーモンドペーストへと進化し、中東や地中海地方を代表する菓子となった。

サトウキビは7世紀には中東に伝わり、その後すぐにペルシア、イラク、エジプトの料理にセンセーションを巻き起こした。イブン・サッヤール・アル＝ワッラクが10世紀に書いたバグダッドの料理本には、ワイン、砂糖をまぶしたアーモンドやクルミ、クッキー、クラッカー、プディング、ヌガー、固いキャンディなど、砂糖を使った80以上のレシピが載せられている。これらのレシピの多くは現在でもさまざまなかたちで残っている。アル＝ワッラクのナティーフ、つまりヌガーのレシピが、現代のターキッシュ・ディライト［果汁をゼラチンで固め、砂糖をまぶしたトルコの菓子］を生み出したのかもしれない。この本には、子供や老人、旅行者向けの特別なレシピも載せられている。さらに、砂糖は喉や肺、胃を落ち着かせ、その他にも重要な特性があるため、医療にも用いられると書かれている。

この頃、砂糖と果物の砂糖漬けを詰めた小さなパイが人気だった。また、薄いパンケーキを数回折り重ね、溶かしバターを染み込ませ、ハチミツか砂糖で甘味をつけた菓子もよくつくられた。この他、薄く細かくきざんだパン生地を澄ましバターで湿らせ、ハチミツやシュガーシロップに浸して焼き上げた、クナーファという菓子もあった。ラムやマトンを桃、アプリコット、ナツメ（学名 *ziziphus jujuba*／熱帯の木の実で、ナツメヤシとも呼ばれる）と一緒に煮込んだ風味のよい料理に、最初に砂糖が使われるようになったのもアラブ世界だった。砂糖は飲みものに甘味をつけるのにも使われた。アラブ人はバラの花びら、オレンジの花、柳の花、あるいはスミレの香りをつけたシュガーシロップを冷たい水に混ぜた、シャルバートと呼ばれる飲みものをつくった。また、レーズンや果物のジャムを使ったシャルバートもつくられた。これらに氷を加えたものが進化し、ヨーロッパでシャーベットと呼ばれる冷菓になった。

精製糖を使って富や権力を見せつける方法はエジプトの裕福な家庭で頂点に達した。『イスラムのルネサンス *Die Renaissance des Islams*』（１９２２年）の著者であるアダム・メッツによると、９７０年にカフール大臣の家庭では、毎日４５０キログラムもの砂糖を消費していたという。11世紀には、ひとりのエジプトの高官が催す祝宴に20トンの砂糖が使われ、城やさまざまな動物――ゾウ、ライオン、シカ――をかたどった彫像が供された。また別の祝宴では、それぞれ２キロ弱ほどの重さの砂糖の彫像が５万体飾られた。

●ヨーロッパでの砂糖の利用法

9世紀以前、ヨーロッパにもたらされた少量の砂糖は医療用に使われていた。その当時、1000年以上にわたってヨーロッパの医学を支配してきた、人の健康と体質をさまざまな体液と結びつける体液病理学の理論が、さらに1000年の支配を続けようとしていた。その理論によると「甘さ」にはプラスの性質があるとされ、既知の物質で最も甘味が強かった砂糖は一種の特効薬と考えられた。砂糖そのものの効能に加え、口当たりを良くするために他の薬と組み合わされることもあった。また、砂糖を摂取すれば誰でもカロリー、すなわちエネルギーが得られた。

9世紀以降、ベネチアはかなりの量の糖蜜、砂糖、シロップをエジプトや東地中海から輸入していた。ベネチアの砂糖はさらにヨーロッパの他の国々へと輸出された。13世紀以降の北イタリアの医学書は、レシピや調合法のなかで砂糖についても言及している。たとえば、健康に関する11世紀のアラブの写本に基づいた『健康の維持 *Tacuinum sanitatis*』には、砂糖についての良い点と悪い点を挙げている。

それは体を浄化するため、肺、腎臓、膀胱に良い。危険——喉の渇きを引き起こし、胆汁質が強くなる。危険の中和法——酸味の強いザクロの実を使う。効能——比較的良い血液をつくる。

季節や地域を問わず、あらゆる体質、年齢に効く。

ベネチアの薬剤師は粗糖の精製を専門にし、シロップ、ジャム、ナッツペーストの糖菓剤、スミレの砂糖漬け、そして長寿の薬と謳われる「神聖な若さの水」をつくる技術を身につけていた。また、砂糖は贈り物にも使われ、花嫁に赤ちゃんの小さな像と一緒にお菓子を1箱贈るなど、結婚式になくてはならない存在だった。

14世紀のあいだに砂糖はさらに普及し、料理本にも頻繁に登場するようになった。『ル・ヴィアンディエ（食物譜）*Le Viandier*』の1300年版（この後の版はギヨーム・ティレル――別名〝タイユヴァン〟が書いたとされている）では、砂糖はもっぱら病人食に使われている。ところが、同じ本の1420年版では、レシピのほとんどに砂糖が使われている。

ナポリで書かれたと思われる14世紀前半の料理本『リベル・デ・コキーナ（料理の本）*Liber de coquina*』はハチミツをふんだんに使うが、ハチミツの代わりに砂糖を使ったレシピも載せられている。このような場合、砂糖はそのまま完成した料理にかけるのではなく、ハチミツと同じように他の材料と混ぜて使われた。たとえば、スパイスで風味をつけたソラマメのレシピ、アーモンドミルク粥、砂糖とハチミツで甘味をつけたトルタ、ダイダイを使った料理などである。14世紀末のトスカナ料理のレシピ集では砂糖がふんだんに使われ、ハチミツは（フリッターやいくつかのデザートなど）ほんの一部にしか使われていない。アルベルト・カパッティとマッシモ・モンタナーリの書いた『食のイタリア文化史』〔柴野均訳。岩波書店〕によれば、その写本に掲載された135のレシピのうち、材料に砂糖を含むものは24パーセントを占めるという。

15世紀になると、砂糖はヨーロッパの裕福な家庭ではありふれた存在になり、ソースやペストリー、お菓子に使われた。1465年頃にマエストロ・マルティーノが書いた『料理の技術 *Libro de arte coquinaria*』ではかなりの量の砂糖が使われている。そのうち、カスタードパイ、魚や鶏肉料理、ポタージュ、ソラマメ料理、糖衣でくるんだ種、温かい飲みものに冷たい飲みもの、揚げたチーズ、フリッター、マカロニとラザニア、トルテ、マジパン、ブラマンジェ、ジャムなど50以上のレシピに砂糖が使われている。

1474年に出版されたバルトロメオ・プラティーナの『正しい喜びと健康 *De honesta voluptate et valetudine*』ではさらに多くの砂糖が使われ、また1570年に出版されたバルトロメオ・スカッピの『料理人の技術 *Opera dell'arte del cucinare*』でも同様である。あるレシピに至っては、砂糖は「どんなものにも合うすばらしい食材」と書かれている。

砂糖は贅沢の象徴、そして富の証しであり続けた。フランス国王でポーランドの王でもあったアンリ3世がベネチアを1574年に訪れた際、王に敬意を表して催された宴会の主役は砂糖だった。ナプキン、テーブルクロス、皿、そしてナイフやフォークなどのカトラリー――テーブルの上のあ

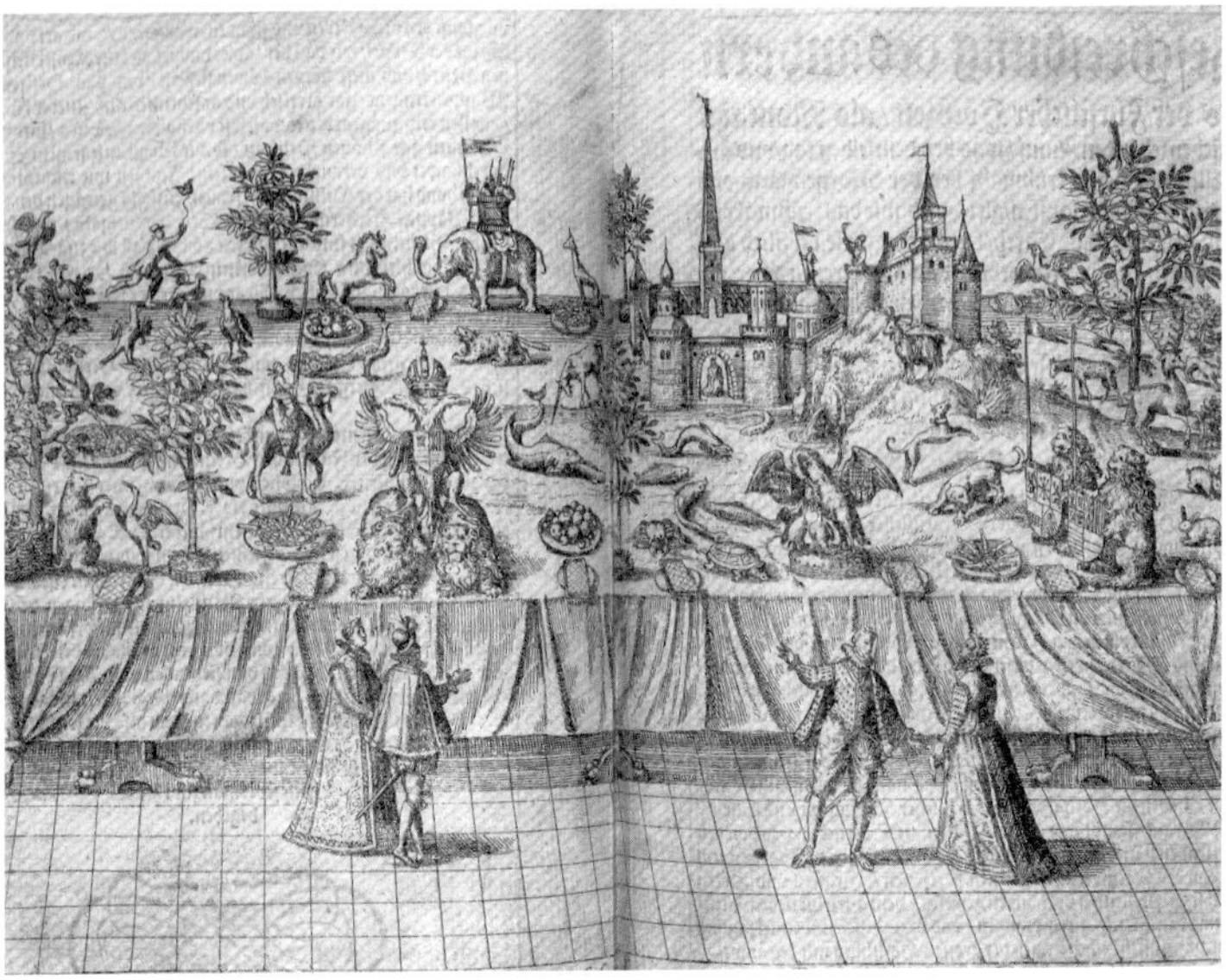

砂糖の彫像。ユーリヒ＝クレーフェ＝ベルク連合公国のヨハン・ヴィルヘルムの結婚披露宴より。デュッセルドルフ。1587年。

らゆるもの――が砂糖でつくられていた。

また、彫刻師ヤーコポ・サンソヴィーノのデザインによる1250個の像も飾られた。そのなかには馬の背に乗った王妃が両脇に2頭のトラを従えた像まであり、1頭はフランスの紋章、もう1頭はポーランドの紋章がつけられていた。さらに、砂糖でできた動物や植物、果物、王、教皇、聖人の像がいくつも飾られた。

17世紀の初めになると、砂糖はヨーロッパ大陸の大部分で広く使われるようになり、貧しい層以外のほとんどの家庭の食卓に上るようになる。その結果、当然ながら富裕層にとっては砂糖の威信が奪われることになった。フィレンツェのジョヴァンニ・デル・トゥルコは『エプラリオ *Epulario e segreti uari*』（1602年）という料理本で、それまでの料理本はあまりにもスパイスや砂糖に頼りすぎているため「多くの人の好みに合わない」と不満を述べている。しだいに砂糖を使うレシピの出版数は減りはじめ、上品な読者向けの料理本で使われる砂糖の量も減っていった。

●イギリスの砂糖

ヘンリー2世（在位1154～89年）の王室の帳簿によると、イギリスでは砂糖はごくわずかしか使われていなかった。レスター伯爵夫人の帳簿には、1265年の7か月間で55ポンド（25キログラム）の砂糖を買った記録があるが、依然として高価なものだった。イギリス人と砂糖との甘い関係――少なくとも貴族のあいだで――は14世紀にようやく始まった。

リチャード2世の料理長が書いたレシピ集『料理の本 *The Forme of Cury*』（1390年頃）には砂糖を材料とする料理が数多く載せられている。その種類はフリッター、カスタード、パイ、ソース、シチュー、味付けひき肉、肉、魚、鶏肉、シーフード、狩猟肉のレシピだけでなく、キプロスワイン、ドイツワイン、ハチミツ酒などのアルコール飲料にまでおよぶ。これらのレシピでは、砂糖はスグリ、卵、チーズ、レーズン、デーツ、ミルク、アーモンドミルク、イチジク、洋ナシ、米、パン、そして当時手に入れることができたあらゆるスパイスや香草など、さまざまな材料と組み合わされている。また、他の種類の砂糖はもちろんのこと、「キプロス産の砂糖」を使うものもあった。このように、どんなごちそうや宴会であっても、砂糖がなければ完全なものとは見なされなかった。

1438年頃に書かれた「英国政治への申し立て *The Libelle of Englyshe Polycye*」という詩は、フィレンツェやベネチアから商品が輸入されることを嘆いているが、ただひとつ重要な例外があった――砂糖である。「それでも、たったひとつ例外がある。それは砂糖だ。わたしの言葉を信じてほしい」。また、『高級な料理の書 *A Noble Boke off cookry*』（1480年頃）には、砂糖を加えたクラレット（フランスのボルドー産の赤ワイン）などの飲みものも含めて、砂糖を使ったレシピが多い。しかしほとんどの場合、使われる砂糖の量は少なく、甘味がレシピの中心になるほどではなかった。

また、饗宴で甘い料理が出されることはほとんどなかったが、この傾向は1500年代になると変化する。砂糖の価格が下がり、貴族や王族でなくても、裕福な家庭であれば砂糖が買えるようになったからだ。詩人トマス・ニューベリーのバラッド［イギリスの伝統的な物語詩］には、シムネルパン、堅焼きビスケット（割れたときにバリバリと音がでるほど堅く焼き上げた小さなケーキ）、糖菓（果物の砂糖漬け）、砂糖でつくられたその他の商品を売る菓子店について触れたものがある。

砂糖の価格は16世紀を通して下がり続け、1590年代になると、地位の高さを誇示するために、砂糖をふんだんに使い、贅《ぜい》をこらした饗宴が催されるようになった。ハートフォード伯爵がエリザベス1世のために催した晩餐会では、平面あるいは立体的にかたどった食べものが並ぶ巨大な砂糖細工が飾られた。「ブドウ、カキ、赤身の肉、ザルガイ、タマキビ、カニ、ロブスター、リンゴ、洋ナシにプラム。あらゆる種類のジャム、ゼリー、マーマレード、ペストリー、砂糖の衣をかぶせた果物や木の実」に加えて、

砂糖細工の城、砦、聖餐式、鼓手《こしゅ》〔太鼓を打つ人〕、トランペット奏者、あらゆる兵士たち。砂糖細工のライオン、ユニコーン、クマ、馬、ラクダ、雄牛、雄羊、犬、トラ、ゾウ、レイヨウ、ヒトコブラクダ、ロバの他、あらゆる種類の動物たち。砂糖細工のワシ、ハヤブサ、ツル、野雁、サギ、タカ、サンカノゴイ、クジャク、ヤマウズラ、ウズラ、ヒバリ、スズメ、ハト、雄鶏、フクロウなど、あらゆる空を飛ぶ生き物。砂糖細工のヘビ、クサリヘビ、マムシ、カエル、ヒキガエルなど、あらゆる種類の地を這う生き物。砂糖細工の人魚、クジラ、イルカ、チョウザメ、キタカワカマス、コイ、ブリームなど、あらゆる種類の水中に暮らす生き物。

17世紀の初めになると、砂糖はイギリスの至るところでほめそやされた。フランシス・ベーコンはユートピア小説『ニュー・アトランティス』（1624年）のなかで、重要な発明家たちのギャラリーに「砂糖の発明家たち」の像をつくることを提案している。『医療、あるいは病気の食事療法 *Klinike, or the Diet of the Diseased*』（1633年）の著者ジェイムズ・ハートは「今や砂糖はハチ

ミツに取ってかわり、はるかに重宝され、味覚を楽しませてくれる。そのため、病気のときも健康なときも、あちこちで頻繁に使われる」と讃えている。

フランスで学び、イギリス貴族に仕えた料理人ジャーベス・マーカムは『イングランドの主婦 *The English Hus-wife*』（1615年）で砂糖を使った多くのレシピを紹介している。このなかには、サラダ、ロースト肉、魚、七面鳥やその他の鳥のソース、ジャム、プディング、タルト、甘くて香りのいいパイ、ジャンブル（薄い輪形のクッキー）、ケーキ、パンケーキ、フリッター、マジパン、砂糖漬けの果物の他、多くの料理が含まれる。『開かれた女王の戸棚 *The Queens Closet Opened*』（1655年）のレシピには砂糖がふんだんに使われている。ジャム、ケーキ、チーズケーキ、パンケーキ、パン、キャンディ・フラワー、カボチャやその他のパイ、タルト、プディング、豆、果物の砂糖煮、サラダのドレッシング、（ミルク酒やシラバブ［ミルクとワインを混ぜ、砂糖と香料を加えて泡立てた飲みもの］などの）アルコール飲料、クリーム、固い原始的なキャンディ、さらに薬の調合などに砂糖が使われた。

17世紀末になると、イギリスの上流階級にとって、砂糖がそれまで持っていた魅力は失われた。ロバート・メイの『料理名人 *The Accomplished Cook*』（1685年）で砂糖について触れているレシピはふたつ――肉と魚のソース――だけである。ジョン・イーヴリンの『アケーターリア――サラダの話 *Acetaria: A Discourse of Sallets*』（1699年）には砂糖を使った数十ものレシピが載せられているものの、「砂糖の味には飽き飽きしているのと、今はありがたいことに酸味を使うことができるので、軽く甘味をつけたいくつかを除いて、ほとんどすべてのレシピで砂糖を使っていない。とはいえ、砂糖はすべて悪いと言っているわけではない」と書かれている。

イギリスの上流階級が砂糖への興味を失うにつれて、他の社会階級がその魅力を発見し、消費は急増した。砂糖の新たな人気に火をつけたのは飲みものだった。

◉砂糖を飲む

中世を通じて、最も人気のあったヨーロッパの飲みものは、砂糖や香料を入れて温めたヒポクラス（おそらくローマの医者ヒポクラテスにちなんで名付けられた）という名のワインで、食事の締めくくりに食後酒（消化薬）として飲まれることが多かった。従来、ヒポクラスはハチミツで甘味をつけていた。13世紀の医師アルナルドゥス・デ・ビラ・ノバがつくったとされる、中世末期のフランスのヒポクラスのレシピには砂糖が含まれている。中世のフランスの料理写本『良妻の手引き *Le Menagier de Paris*』（１３９３年頃）に載っているレシピには５７０グラムの砂糖が使われる。ヒポクラスのレシピはその後３世紀にわたって料理本に登場する。１６９２年のイギリスのレシピではライン・ワインとカナリー・ワイン、ミルクを２クオート（１・９リットル）ずつ混ぜ、１・

5ポンド（680グラム）の砂糖で甘味をつけている。

ヒポクラスは18世紀に姿を消したが、その頃には砂糖で甘味をつけた別の混合酒が人気を博していた。イギリスとアメリカでは、フリップ（砂糖、糖蜜、あるいはハチミツで甘味をつけたビールで、ラム酒で強くすることもある）、後にエッグノックへと進化するミルク酒（香りと甘味をつけた熱いミルクにエールなどのビールを混ぜたもの）が好まれた。祝い事には、シラバブ――香りをつけたミルク、あるいは泡が立つまでホイップしたクリームに甘いワインかリンゴ酒と砂糖を混ぜたもの――というアルコール飲料。また、オレンジやレモン、ライムなどの柑橘類のジュースに甘味をつけ、さまざまな蒸留酒を混ぜたシュラブ、香りと甘味をつけた蒸留酒でつくる温かいトディ、チェリージュースとラム酒でつくるチェリーバウンスもよく飲まれた。夏には冷やしたパンチ、冬には温かいパンチがつくられた。ワインと砂糖、スパイスを混ぜたサンガリーは、サングリアに進化した。

新世界におけるヨーロッパの植民地では、砂糖やその副産物を使ったさまざまなアルコール飲料がつくられた。ポルトガル領ブラジルでは、砂糖をベースにしたアルコール度数の強い蒸留酒カシャーサがつくられた。政治的発言力の強いポルトガルのブランデー業界は、この酒が輸入されて自社製品と競合する可能性をことごとくつぶしたため、ほとんどのカシャーサはブラジルから輸出されることはなかった。しかし、サトウキビをベースにした蒸留酒――そして製造方法――という概念を

カシャーサはブラジルでよく飲まれるラム酒に似た飲みものだ。

クリスチャンステッドにあるラム酒の蒸留所。セントクロイ島、バージン諸島。1941年。

カリブ海に持ち込んだのは、ブラジルから移住してきたオランダ人とユダヤ人だった。この酒はフランス領西インド諸島ではラムと呼ばれた。この語はバルバドスで話される英語から派生したと考えられ、その他キル・デビル、ラミー、ランバリオンなど、さまざまな名で呼ばれたが、最終的には簡単に縮めた「ラム」となった。

製糖過程での副産物である糖蜜からも、軽いアルコール飲料がつくられた。西インド諸島の奴隷たちは水を加えるだけで糖蜜を醗酵させた。18世紀初めの歴史家ロバート・ビバリーの記録によると、バージニアの「比較的貧しい」イギリス人入植者は糖蜜を使ってビールのようなものをつくっていたという。ふすま［小麦粉を精製したときに出る表皮のかす］、コーン、カキ、ジャガイモ、カボチャ、さらにはキクイモで香りをつけることもあった。

ニューイングランドでは西インド諸島から輸入した糖蜜を使ったラム酒がつくられた。醸造所の建設に必要な金属や熟練労働者が手に入りやすく、カリブ海から大量の糖蜜を運ぶための船が多く、醸造所の燃料や樽づくりの材料となる木材が豊富なニューイングランドは、ラム酒の製造に理想的だった。ラム酒はあっという間にアメリカで人気のアルコール飲料となり、ストレートや水割りで、あるいはその他の材料——砂糖を入れることも多かった——と混ぜて飲まれた。混合酒で最も人気が高かったのはパンチで、ラム酒、柑橘系のジュース、砂糖でつくられることが多く、そのバリエーションは無数にあった。卵黄、砂糖、ラム酒、ナツメグでつくるミルクパンチは、パーティやダンスパーティでよく飲まれた。ラム酒はイギリスでは人気が高かったが、ヨーロッパ大陸ではワイン業界の働きかけによって法律でラム酒の輸入が禁じられた。

しかしながら、ヨーロッパじゅうで、特にイギリスで砂糖が欠かせなかったものと言えば、3つのノンアルコール飲料——チョコレート、コーヒー、紅茶——だった。チョコレート飲料の起源はコロンブス上陸以前のメキシコにあり、そこではカカオの粉末と水を混ぜ、バニラ、チリペッパー、アナトーの種などの材料で香りをつけてつくられていた。新世界には甘味料がなかったため、それはとてつもなく苦い飲みものだった。カカオの味を知ったヨーロッパからの入植者は、他のスパイスを加え——最初はハチミツ、後に砂糖で——甘味をつけた。

チョコレートとそれをつくる器具は、16世紀初めに中央アメリカからスペインに伝えられたが、人気が出るまでには時間がかかった。チョコレートへの関心はスペインからイタリア、そしてさらにヨーロッパの他の国々へと広まった。初めのうちは、新世界のさまざまな材料で香りをつけ、ハチミツで甘味をつけたが、チョコレートを飲む習慣が上流社会以外にも広がると、ハチミツの代わりに砂糖が使われるようになった。ヨーロッパ最古のココアのレシピに、スペインの医師アントニオ・コルメネロ・デ・レデスマによって1631年に書かれたものがある。この医師はチョコレートについての最初の論文で次のように書いている。

カカオの種100個、チリかヒハツ（長胡椒）2個、アニスをひとつかみ、バニラ2個――あるいは、アレクサンドリア・ローズ6個を粉にしたものでもよい――シナモン2ドラム［7ミリリットル］、アーモンドとヘーゼルナッツを12個ずつ、白砂糖2分の1ポンド、色をつけるのに必要な分のアナトー。これらの材料でチョコレートの王ができる。

時とともに、ヨーロッパの人々はエキゾチックな香りを抜いたチョコレートを好むようになったが、砂糖を入れる習慣はそのまま残った。ホットチョコレートがイギリスで重要な飲みものになったのは、17世紀後半になってからだった。1650年代にはロンドンにチョコレートハウスが建てられ、出版物がこぞってこの飲みものの長所をほめそやし、レシピを掲載した。

ウィリアム・コールズは『エデンの園のアダム *Adam in Eden*』（1657年）で、チョコレートは「ロンドンじゅうで、手ごろな値段で飲むことができるだろう」と書き、さらにもうひとつのメリット――媚薬の効用があると主張している――を付け加えている。ウィリアム・コールズによると、チョコレートは「子づくりにすばらしい効き目がある」という。一方、フランスで最初のホットチョコレートのレシピは、フランソワ・マシアロの『宮廷とブルジョワジーの料理 *Le Cuisinier royal et bourgeois*』(1693年)に登場している。

コーヒーを飲む習慣はアフリカ東部とアラビア半島で始まり、9世紀以降、中東に広がった。トルコやアラブ諸国を訪れたヨーロッパの人々がこの新しい飲みものについて書き記しているが、その多くは苦すぎるという不満である。1630年代にカイロを訪れたドイツの植物学者ヨハン・フェスリンクは、「苦味を消す」ために砂糖を加えるエジプト人もいたと伝えている。トルコ人は16世紀の中頃に世界で初めてのコーヒーハウスを開いた。ベネチアでは1629年にヨーロッパ最初のコーヒーハウスが建てられ、その後まもなくヨーロッパの他の大都市でも次々と増えていった。コーヒーハウスがヨーロッパに初めてできた頃、コーヒーはブラックで出され、好みに応じて砂糖が加えられたが、砂糖はすぐにコーヒーとは切り離すことのできないものとなった。

コーヒーとチョコレートがヨーロッパでもてはやされるようになってきたのと時を同じくして、東アジアから茶が入ってきた。中国で数千年にわたって飲まれてきたお茶は、中世の頃、隊商によってシルクロードを通って陸路で中東に運ばれ、後にロシアにも伝えられた。ヨーロッパの探検家や旅行家たちは東アジアでお茶を口にしていたが、西ヨーロッパで茶が知られるようになるのは、（1610年に）オランダ人が中国から茶葉の輸入を始めてからのことである。

茶がイギリスに伝えられたのは17世紀の中頃だったが、最初に興味を示したのは富裕層だけだった。1658年になってコーヒーハウスで茶が出されるようになると、すぐに人気に火がついた。日常生活のこまごまとしたことを日記につけていた海軍の長官サミュエル・ピープスは、1660年に初めて茶を飲んだと記している。ロンドンのほとんどのコーヒーハウスで、コーヒー、チョコレート、香りをつけたシュガーシロップでつくった中東の飲みものの一種シャーベットとともに茶が出されるようになるのは、それからわずか数年後のことである。

コーヒーや茶、チョコレートに必要以上の量の砂糖が加えられることもあった。パリのコーヒー販売業者フィリップ・デュフォーが1671年に出版した『コーヒー、茶、チョコレートのつくり方 *De l'usage du caphe, du the, et du chocolate*』には、これらの飲みものが「ヨーロッパ、アジア、アフリカ、そしてアメリカで」どのように飲まれていたかが説明されている。デュフォーはコーヒーに砂糖を加えることを勧めているが、その量が度を超しているパリ人もいて、そうしたコーヒーは「黒いシロップに過ぎない」と嘆いている。

イギリスで最初のコーヒーハウスは1652年にトルコの商人によって開かれた。目新しさから流行となり、それがさらにブームとなって、1675年にはロンドンだけでも3000軒以上あったというコーヒーハウスに、都会のジェントリ〔貴族のすぐ下の階級〕や裕福な商人が頻繁に通った。コーヒーハウスの常連客たちは、甘いコーヒーを飲みながら仕事や政治について議論を交わした。

チョコレート、コーヒー、茶は高価だったため、イギリスのコーヒーハウスは依然として裕福な人々の領域であり、下層階級の人々は居酒屋に集まってビールを飲んだ。その後、政府の補助を受けた独占事業であるイギリスの東インド会社が、茶葉を大量に輸入しはじめる。年間輸入量は1725年の25万ポンド（11万3000キログラム）から、1800年には2400万ポンド（1090万キログラム）に増え、輸入量が増えると、茶葉の価格はチョコレートやコーヒーの価格を下回るようになった。茶の消費量はすぐにチョコレートやコーヒーを追い越し、さらに茶葉の輸入量が増えると、中流階級の人々も茶に手が届くようになった。こうして茶はイギリス人のお気に入りのホットドリンクとなった。

18世紀のイギリスで、富裕層以外の人々が好んで使った甘味料はハチミツであり、それにはもっともな理由があった。ハチミツの価格が砂糖の6分の1から10分の1程度だったからである。18世紀のあいだ、砂糖はカリブ海のイギリス植民地から輸入され、その量は際限なく増え続けた。そして砂糖の価格が急落すると消費は急増した。18世紀の初め、イギリスの砂糖の年間消費量はひとり当たり4・4ポンド（2キログラム）だったが、1784年に茶葉の関税が軽減されると茶の消費が急増し、18世紀末にはひとり当たりの砂糖の消費量は5倍以上の24ポンド（10・9キログラム）になった。テーブルにほとんど食べものを並べることのできない最貧層でさえも、砂糖入りの茶を飲むようになったのである［当時のイギリスでは緑茶を飲むことが多く、紅茶が緑茶よりも飲まれるようになったのは19世紀半ば以降といわれている］。

●料理になくてはならない食材

砂糖の価格がハチミツの価格を下回るようになると、砂糖は飲みものの甘味料というだけでなく、料理の材料としても使われるようになった。18世紀に出版されたイギリスの料理本では、レシピの多くに砂糖が使われている。１７６０年に『お菓子づくりの達人 *Complete Confectioner*』――この手の本としてはイギリスで初めてのもの――を出版したハナー・グラスは、ほとんどすべてのレシピで大胆に砂糖を使っている。そのレシピの種類はアイスクリームから、氷菓子、クリーム、果物の砂糖煮、コンポート、マーマレード、シロップ、ジャム、ケーキ、砂糖の衣、パン、ビスケット、飲みもの、キャンディ、ウエハース、ジャンブルクッキー、タンバル［太鼓のような型に入れて焼いたお菓子］、パイ生地、タルトに至り、さらに砂糖の彫像のつくり方や、果物、野菜、ベリー類、スパイス、ナッツ、種、根、花の保存法も載せられている。

エリザベス・ラフォールドの『経験豊かな主婦 *Experienced Housekeeper*』（１７６９年）には、

ジェイムズ・ギルレイによる《ケルシーズで兵士を採用するヒーロー、あるいはセントジェームス宮殿の衛兵の日》(1797年)。アイスクリームをテーマに取り上げている。

ソース、ペースト、パイ、フリッター、パンケーキ、粥、プディング、ダンプリング、果物の砂糖漬け、カスタード、ペストリー、綿菓子、フローティング・アイランド［焼いたメレンゲをカスタードクリームに浮かべたお菓子］、そしてあらゆる種類の飲みもの——シラバブ、エール、さまざまなワイン、ミルク酒、シャーベット、シュラブ、ブランデー、レモネードなど、砂糖を使うレシピが100以上も掲載されている。もはや砂糖は贅沢品ではなくなった——なくてはならない調味料になったのである。

植民地アメリカでは精製糖は高価なものだったが、イギリス料理と同じように砂糖はアメリカ料理にも欠かせないものになった。砂糖に比べてはるかに安価だったのが糖蜜で、甘味料としてもラム酒の基本材料としても使うことができた。糖蜜はおもにクッキーやケーキ、パイ、プディング用の甘味料だったが、コーンミール粥、野菜料理、肉料理、特に豚肉料理に使われた。1780年代にアメリカを訪れたイギリス人旅行者は、アメリカ人はあらゆる食事に糖蜜を使い、「脂っぽい豚肉と一緒に食べることさえある」と不満を漏らしている。

砂糖はさまざまなかたちで売られたが、最も一般的だったのは重さ8～10ポンド（3・6～4・5キログラム）の円錐形の〝ローフ（塊）〟である。富裕層は砂糖を大量に買ったが、中流階級の家庭はひとつのローフで1年間暮らすことができた。1788年になっても、アメリカのひとり当たりの砂糖の年間消費量はわずか5ポンド（2・3キログラム）ほどだった。砂糖の消費量は世界じゅうで急増していたものの、砂糖との甘い関係は始まったばかりだった。飲みもの、肉、パイ、ケーキに使われる砂糖の量は増加の一途をたどるが、なかでも目に見えて増えていったのがお菓子とキャンディだった。

第5章 ◉ 菓子とキャンディ

調理の際になかに染み込ませるのであれ、外側からコーティングするのであれ、食べものに十分な量の砂糖を加えると、砂糖は微生物の活動を抑える保存料の働きをする。この性質のおかげで、貿易商たちは砂糖漬けのオレンジピールや糖衣をかぶせたアーモンドのような商品を遠くまで運ぶことができるようになった。固形の砂糖の塊（氷砂糖やシュガーローフ）も楽に取引ができた。こうした交易のおかげで、サトウキビが育たない地域や、特定の果物やその他の材料が手に入らないような地域にも、お菓子やキャンディがもたらされた。

砂糖菓子は南アジアからの交易路を通って7世紀までに中東に伝わり、その後ヨーロッパへ広がった。コンフィット（果実やクルミの入った丸い砂糖菓子）、ゼリー菓子、マジパン、パスティーユ（小粒のキャンディ）、氷砂糖といった初期の砂糖菓子は、今日《こんにち》の多くのお菓子やキャンディの原点であり、何世紀にもおよぶ伝統の名残は今もまだ息づいている。初期のヨーロッパに生まれた砂糖菓子の伝統は、現代のお菓子へと進化してきた。ドラジェ、マーマレード、甘いパイ、ケーキの砂糖衣、タフィー、トフィー、ボンボン、ゴブストッパー（大きな球状の固いキャンディ）、レモンドロップ、エム&エムズ・チョコレート、グッド&プレンティ、そしてアイスクリームなど、その種類はさまざまである。

コンフィット（「砂糖漬けにした」の意味のフランス語「コンフィ」に由来する。イタリア語では「コンフェッティ」）は、もともとは砂糖でコーティングした薬だった。医者や治療師は、さまざまな病気のために処方した苦い種や木の実、根、スパイス、ハーブ、野菜のエキスを、驚くほど甘い物質でコーティングし、飲み込みやすくしたのであろう。同時に病人に必要なカロリーも砂糖で簡単に補うことができた。摂取するコンフィットの数にもよるが、それは体力の衰えた患者に少なからずエネルギーを与えてくれたにちがいない。

アニス、コリアンダー、クローブ、キャラウェイ、シナモンなどの香りのよい種の砂糖漬けを入れたコンフィットは、広く食べられていた。現在でもインドでは（他の国のインド料理レストランでも）、消化を助け、口臭を消すために、味のない、あるいは砂糖でコーティングしたフェンネルシードが食事の終わりに出される。また、ヨーロッパ、アジア、南北アメリカ原産の小さなマメ科の低木、カンゾウ（学名 *Glycyrrhiza*）の根のエキスで香りをつけ、砂糖でコーティングしたキャンディ

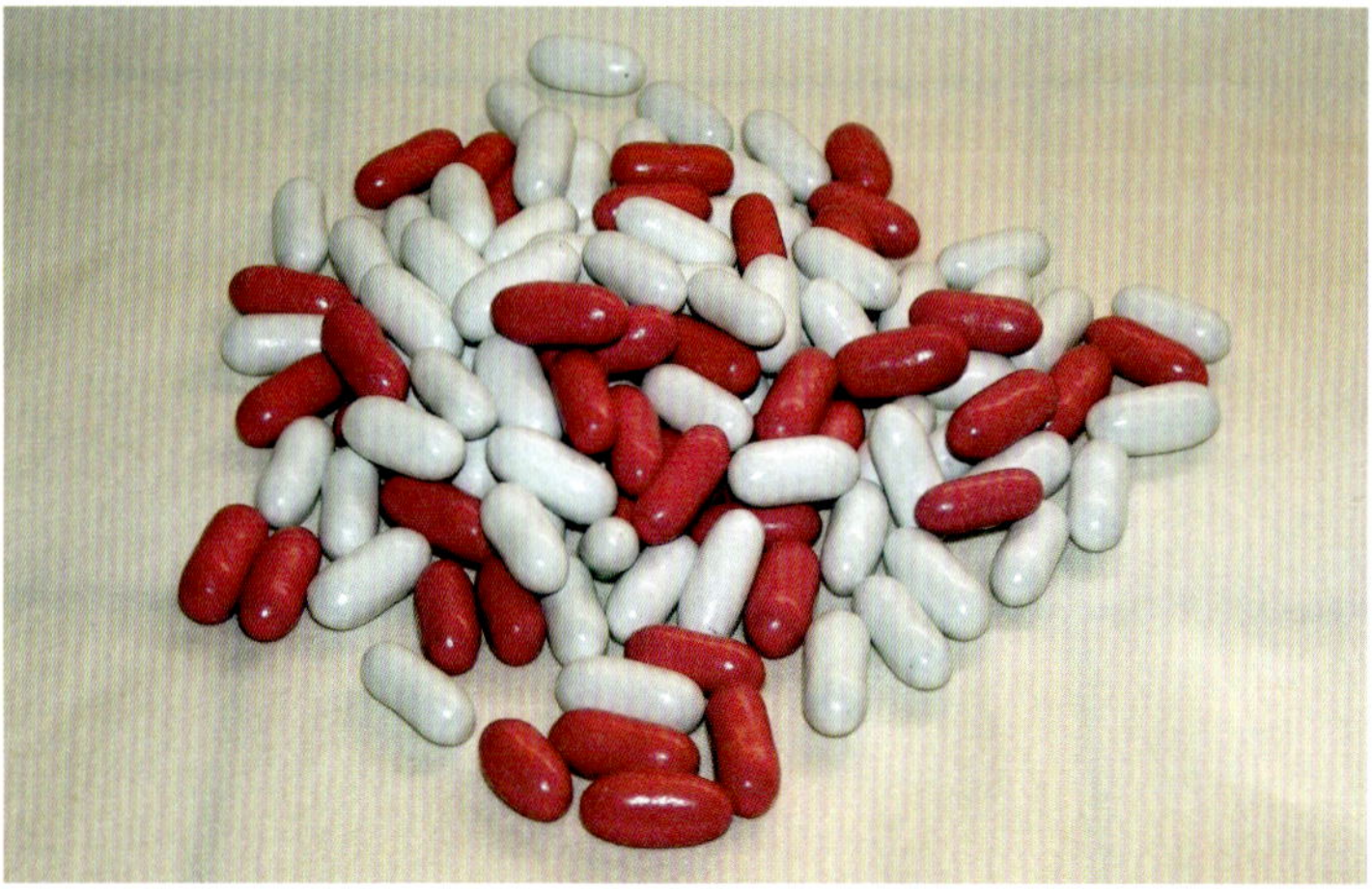

グッド＆プレンティのリコリス・キャンディは1893年に最初につくられ、現在もその人気は衰えない。

が入ったコンフィットもあった。カンゾウの根にはアニスに似た香りがあり、その汁を搾り、煮詰めてつくった砂糖菓子は「リコリス」と呼ばれ、中世以降ヨーロッパじゅうに広まり、重要なお菓子となった。

現在、リコリスキャンディは世界じゅうでさまざまなかたちや味に加工されているが、その多くは本物の根の代わりに、アニスや人工香料が使われている。アメリカで最も有名なリコリス味のキャンディはグッド&プレンティで、歯ごたえのあるリコリスをピンクや白のキャンディでコーティングした、小さなビーズのようなお菓子は、伝統的なインドのコンフィットを思い出させる。このお菓子が最初につくられたのは１８９３年、人工的な香りをつけてねじった、トゥイズラーと呼ばれるリコリスが発売されたのは１９２９年だった。現在アメリカで市販されているリコリスのほとんどは、人工の材料を使って大量生産されたものだが、他の地域、特にオランダやスカンジナビア半島では、さまざまなかたちをした本物のリコリスが、固いものややわらかいもの、ほんのり甘いものから塩辛いものまでそろい、もはや国民的菓子と言ってもよいだろう。

中世に人気のあったもうひとつのコンフィットは、砂糖でコーティングしたナッツで、これも中東で生まれ、その後ヨーロッパに持ち込まれた。フランス語のドラジェは、香辛料で味付けし、砂糖でコーティングしたナッツ、特にアーモンドを指す。現在ではこれらはヨルダン・アーモンドなどのさまざまな名で商品化され、中東ではムラーバ、ギリシアではコウフェタとしても知られる。

砂糖漬けの果物や柑橘類の皮がヨーロッパに伝わったのも中世の頃で、おもに新鮮な果物が手に入らない時期に、食事の後に出された。これは砂糖漬け、あるいは砂糖をからめた果物、チョコレートに浸したサクランボ、ジャム、マーマレード、ゼリーなど、さまざまなかたちで今も残る。

マジパンは、アーモンドパウダーと砂糖を混ぜた粘度の高いペーストで、中世の頃に中東で人気のお菓子となった。おそらくはイランで生まれ、アラブの支配を通して、ヨーロッパに伝えられたのだろう。記録に残っている限り、ヨーロッパで最初につくられたのは13世紀後半の北イタリアである。しかし、もっと前からスペインやカタロニア、イタリアで人気のあった砂糖菓子――おそらく最初はハチミツでつくられていた――が最初だったかもしれない。マジパンはフランス、ドイツ、オランダ、北ヨーロッパ、イギリスでも広く普及した。それはよくある一口大のお菓子どころか、

ボケリア市場の砂糖漬けの果物。バルセロナ。

メレンゲのレシピは18世紀から出版されている。

ブタや卵などのかたちにされ、クリスマスやイースター、結婚式など、特別な日の贈り物となった。マジパンはヨーロッパや、かつてのヨーロッパの植民地の多くで依然として人気がある。

引き飴がヨーロッパに伝わったのも中世だった。その起源はおそらく中東のアラブで、砂糖を水で溶いてやわらかいペースト状になるまで練った後、伸ばしたり引っ張ったりして、リボンや花、葉などさまざまなかたちにする。

中世には、食後の消化剤としても砂糖が使われた。食事が終わって料理がすべて下げられると、砂糖で甘味をつけ、スパイスを加えたワインが果物と一緒に出された。これはデザート（「テーブルを片付ける」という意味のフランス語 desservir に由来する）と呼ばれるようになった。18世紀になると、デザートはクリーム、ゼリー、タルト、パイ、甘いプディングを含む複雑な料理になった。こうした料理は夕食後に出されるのが一般的だが、食事とは関係なく、午後や夕方に出されることもあった。デザートづくりには高度な技術が必要となり、プロの菓子職人がつくるか、プロの指示に従って使用人がつくることが多くなった。

ローラ・メイソンは『シュガープラムとシャーベット *Sugar-plums and Sherbet*』（1998年）で、18世紀にはイギリスの菓子職人が、果物の砂糖煮や砂糖漬け、ビスケット、ケーキ、マカロン、シロップ、コンフィット、パイ、タルト、砂糖でつくった装飾的な像を売っていたと書いている。菓子職人は他の国から輸入したお菓子を売ることもあった。ボンボン（もともとはフランスの宮廷で出されていた、さまざまな種類のしゃれたキャンディ）はイギリスやその他のヨーロッパの国々に輸出された。フォンダン［砂糖液を煮詰めてペースト状にしたもの］をはじめとする果物やナッツなどをチョコレートでくるんだこれらのお菓子は有閑階級のための贅沢品だった――買うことができたのも有閑階級だけだった――が、それは間もなく変わろうとしていた。

◉菓子職人

17世紀になると、コンフィット職人や菓子職人は、家庭で食べるお菓子を店で販売するようになり、店がまえもだんだんとしゃれたものになっていった。パリでは「リモナディエ（清涼飲料水販

ボンボンは17世紀に初めてフランスでつくられた。

売者)」が、現在のレモネード（ここからその名が生まれた）のような飲みものを売っていた。1686年には、フランチェスコ・プロコーピョ・デイ・コルテッリという名のシチリア人のリモナディエがパリで初めての「カフェ」を開いた。このカフェはコーヒーだけでなく、砂糖でコーティングした果物、氷菓、砂糖で甘味をつけた冷たい飲みもの、蒸留酒、ホットチョコレートも提供した。

18～19世紀にかけて砂糖価格が下落すると、お菓子は以前より手に入りやすくなった。イギリスでは地方都市の菓子店の数が1780年代から1820年代のあいだに4倍に増えている。そこでは外国からの輸入品やロンドンから取り寄せたものなど、さまざまなキャンディが売られていた。また、新しいタイプのお菓子やキャンディも登場した。砂糖水の過飽和溶液をゆっくりと結晶化させてつくるロックキャンディ（氷砂糖）や、砂糖と水を熱してシロップにしたものを型に入れたり手でひねったりしてつくる固い飴玉などだ。これらは大きくて丸いゴブストッパーや、棒つきキャンディ、ペパーミント、ステッキ型のキャンディケインへと進化した。砂糖をかぶせたナッツはブリトル――バター入りの固いキャンディーの板に、丸のままのナッツや砕いたナッツを埋め込んだもの――の出発点となった。今でも人気のあるフルーツドロップは、煮立てた砂糖に本物の果汁で味をつけてつくっていたが、現在では果物の味と色に似せた人工香味料と人工着色料をコーンシロップに加えたものが多い。アメリカやカナダでは、フルーツドロップの現代版としてライフセーバー

氷砂糖はおよそ2000年にわたってつくられてきている。今でも棒のついたロックキャンディなど、さまざまなかたちのものが食べられている。

1911年10月、ジョセフ・ウィリアム・ソーントンはシェフィールドで最初の菓子店をオープンした。人気だったのがトフィーである。

ズが最もよく知られている。

●タフィーとトフィー

最初にタフィーとトフィーが文献に登場するのは19世紀初めのイギリス北部で、それらは家庭や菓子店でつくられていた（現在のリバプール地方にあたる、エヴァートンのキャンディ職人はタフィーで有名だった）。その基本レシピは、砂糖か糖蜜を使い、バターや香料と一緒に煮るというもので、香料にはオレンジやレモン、チョコレート、バニラが使われた。この基本レシピから、ふたつの異なるお菓子が誕生した。

タフィーをつくるには、〝ハードボール〟の段階——熱したシロップを冷たい水に垂らすとすぐに固いボール状になる段階——までシロップを熱する。少し冷やして固まりかけたら金属のフックにひっかけ、手で伸ばしたり引っ張ったりして滑らかな状態にする。これにナッツなどを混ぜて固めたものを切り分ける。19世紀には「タフィー・プル」という遊びがパーティで人気だった。客たちはペアになり、バターを塗った両手でひも状の飴を引っ張り合い、できあがったタフィーを食べて楽しんだ。

トフィーをつくるには、シロップを沸騰させ〝ハードクラック〟の段階――熱したシロップを冷たい水に垂らすと、もろい糸状になる段階――まで熱する。これを冷やすと、ポキッと音を立てて割れる濃厚なキャンディができる。イギリスではトフィーはガイ・フォークス・ナイト（11月5日。「ボンファイヤー・ナイト〈たき火の夜〉」としても知られる）の風習と結びつけられ、「ボンファイヤー・トフィー」の名で売られた。

タフィーとトフィーは1840年代にイギリスからアメリカへと伝わり、どちらも東海岸の都市、特にフィラデルフィアやアトランティックシティで広まった。「塩水タフィー」を最初に売り出したのは、おそらくフィラデルフィアに住むジョン・ロス・エドミストンで、嵐で海が荒れ、アトランティックシティにあるキャンディ店が浸水したときにできたと言われている。実際は普通のタフィーと塩水タフィーのレシピに違いはないものの、この名前は大流行した。その配合が他の人々の手で完成された後、色とりどりのパステルカラーやさまざまな香りをつけ、かたちに工夫を凝らした多様な製品がつくられた。１９２０年代になると、アメリカで塩水タフィーを生産する会社は４５０を超え、その多くが海辺のリゾート地にあった。

◉製造業者

18世紀後半以降、ヨーロッパや北アメリカでは手づくりのお菓子が市販されていたが、広く消費されるようになるのは、19世紀に入って砂糖の価格が下がり、生産効率が上がってからのことだった。お菓子が最初に大量生産されたのは1850年代のイギリスだったが、工場での生産はあっという間に他の国々に広まった。時とともに、お菓子はもっと大量に、もっとさまざまなかたちや大きさで生産されるようになり、19世紀後半には、何百ものお菓子の製造業者が中東やヨーロッパ、北アメリカで操業していた。工場でつくられた小さく固いお菓子のほとんどは、小売店の大きなガラス瓶のなかに陳列され、数ペニーで売られた。

やわらかいチューイングキャンディも大量生産されるようになった。中東生まれのお菓子でよく知られているのがターキッシュ・ディライト、あるいはラハト・ルクーム（意味は「のどの安らぎ」）で、砂糖（もともとはハチミツ）に、でんぷんかアラビアゴムのようなゲル化剤、ローズウォーターか橙花水《とうかすい》などの香味料を加えてつくられる。アーモンド、ピスタチオ、ヘーゼルナッツなどのナッツ類を砕いたものや、ドライフルーツが入ることもある。混ぜ合わせたものは、鍋のなかで冷ましてから正方形に切り分け、粉砂糖をまぶす。この菓子は18世紀中頃にトルコの菓子職人が考案したと言われている。中東やヨーロッパじゅうで人気を博したが、イギリスでは特に人気が高く、

クリスマスやイースターの定番のキャンディ、ゼリービーン。

1914年以来、バラ風味のターキッシュ・ディライトをミルクチョコレートでくるんだ、ターキッシュ・ディライト・チョコレートバーがつくられている。

ゼリービーン——固めのゼリーをコーティングした、小さな豆のかたちの砂糖菓子——はターキッシュ・ディライトから生まれたのかもしれない。ゼリービーンにはさまざまな色があり、それぞれの色に関連する果物の味がついている。印刷物で最初にゼリービーンが登場するのは1886年のイリノイ州の広告で、クリスマス用キャンディとうたわれている。大抵は菓子店か、自動販売機で売られた。見た目が卵に似ているためか、1930年代になると、ゼリービーンはイースター用キャンディとしても売られるようになった。

1869年にイリノイ州のベルビルでキャンディ・ストアを開いた、ドイツ系移民のアルバートとグスタフ・ゴーリッツが、現在のゼリービーンの祖と言えるだろう。19世紀から20世紀へと変わる頃には、この家族経営の店はバタークリーム・キャンディを専門に扱うようになり、トウモロコシの実に似せた3色（黄色、白、オレンジ）のキャンディ・コーンなどがつくられた。1976年には、ゴーリッツの子孫が、標準サイズよりも小さく、洋ナシ、スイカ、ルートビア、それにバターポップコーン（一番人気が高かったと言われている）といった意外な味を売りにした〝グルメ〟味のゼリービーンをつくった。この新製品はジェリー・ベリーと名付けられ、今ではカプチーノやチリ・マンゴー、ピニャコラーダ［パイナップルジュースをベースにしたトロピカル風のカクテル］を含む50種類の味を展開している。現在では、J・K・ローリングの「ハリー・ポッター」シリーズに登場する商品名をとった百味ビーンズ、ビタミンCと電解質を加えたスポーツビーンズもつくられている。

チューイングキャンディの起源は、中世の中東にさかのぼることは確かである。最初に市販されたチューイングキャンディには、主材料のナツメ（学名 *Ziziphus* 属の低木）にちなんで名付けられたナツメキャンディがある。今日では、こうしたフルーツ味のキャンディは片栗粉と増粘剤、砂糖またはその他の甘味料からつくられる。やがて、果物や野菜のかたちをしたジュージーフルーツという名のチューイングキャンディも登場した。クマのかたちのグミは1920年代にドイツで開発された。こうしたカラフルで小さなお菓子の基本材料は動物由来のゼラチンである。1982年には、ドイツのキャンディ会社ハリボーがアメリカで初めて「グミ」キャンディを売り出した。ドイツの別の製造業者トローリが1980年代に売り出した、ミミズのかたちをしたグミの人気は今も衰えることはない。1960年代以来、スウェーデンから輸入されている人気のグミキャンディ、スウェディッシュ・フィッシュは、動物由来のゼラチンを使っていない。今では世界じゅうで、何百種類ものかたちや味のグミがつくられている。

◉祭日のお菓子

お菓子やキャンディの多くは祭日、特にクリスマスやハヌカー［ユダヤ教のお祭り］、イースター、ハロウィーン、バレンタインデーなどと結びついている。砂糖がまだめずらしくて高価だった時代、低所得者層がお菓子を食べられるのは、こうした特別な日に限られていたためだろう。

クリスマスのフルーツケーキの伝統は中世にさかのぼる。こうしたケーキは、かつては砂糖漬けの果物を衣や生地に混ぜ込んで甘味をつけていたが、16世紀になると砂糖が基本材料になり、砂糖の衣をかけるのが一般的になった。イギリスのクリスマスケーキやドイツのシュトーレン［ドライフルーツやナッツ類を混ぜ込み、細長く焼き上げたクリスマス用の菓子］のように、その土地に固有の伝統菓子も誕生した。

クリスマスの12日間（12月25日から1月6日まで）を祝う文化には、独自の伝統的なケーキがある。十二夜、つまり公現《こうげん》の祝日は三賢王礼拝の日［東方の三博士（三賢王とも呼ばれる）が幼子イエスのもとを訪ねて祝福したことを記念した、キリスト教の祝日］とも呼ばれる。フランスではこの日をガレット・デ・ロワ（王様のケーキ）で祝う。スペインやラテンアメリカの伝統的なペストリーは、リング状のロスカ・デ・レジェス（王様のリング）で、砂糖漬けの果物がふんだんに飾られる。公現の祝日には、多くの国々でさまざまな種類の〝王様のケーキ〟が出される。地域によっては、特別な王様のケーキがマルディ・グラ（告解の火曜日）の特別料理にもなる。

クリスマスの時期になると、さまざまな時や場所で、バタースコッチ［赤砂糖とバターからつくられる固い飴］やチョコレート、レモン、クリーム、キャラメル、ゼリービーンなど、たくさんの種類のお菓子が見られる。19世紀の中頃になると、アメリカではキャンディケイン――赤と白の縞模様のキャンディ棒で、先がステッキのように曲がっている――がクリスマスのお祝いに加わった。キャンディケインを考え出したのは、オハイオ州ウースターのオーガスト・イムガルトで、紙のオーナメントとキャンディケインで飾ったクリスマスツリーをつくったと伝えられている。しかし、すぐには商業的な成功に結びつかず、キャンディケインは家庭でほそぼそとつくられる程度だった（つくるのが難しいうえ、こわれやすくて輸送も困難だった）。1950年代にキャンディケインの生産が機械化され、また包装技術の革新によって安全に輸送できるようになると状況は一変した。現在ではマース、ハーシー、ネスレといった大手食品会社が独自のブランドのキャンディケインを製造している。

ハロウィーン（諸聖人の日の前夜、または万聖節の前夜）は、おもに英語圏の国々で10月31日の夜に祝われ、コスチュームに身を包んだ子供たちが、お菓子を求めて家から家をめぐり歩く。ハロウィーンは多くの国でリンゴの季節に当たることから、長いあいだ、砂糖漬けのリンゴ、タフィーアップル、キャラメルリンゴで祝われてきた。砂糖をからめたポップコーンボールやタフィーといった家庭でつくるお菓子は、徐々に市販のお菓子、特に1880年代に広まったキャンディ・コーン（トウモロコシの粒のかたちをした3色のキャンディ）に取って代わられた。現在では、人気のキャンディを入れた小箱や、個包装のチョコレートバーをハロウィーン用に特別に詰め合わせたものもある。最近ではこのようなキャンディ三昧《ざんまい》のアメリカ版ハロウィーンが、他の国々にも定着してきている。

キリスト教以外の人々が春の訪れを祝う際の豊饒の象徴――ウサギ、卵、ヒヨコなど――は、イースターの祝いにしだいに溶け込んでいった。貧しい子供たちにイースター・エッグを配る習慣は、中世のヨーロッパに始まった。しかし、イースターキャンディは比較的最近始まった習慣で、おそらく東ヨーロッパが起源と思われる。チョコレートのイースター・エッグについての文献は、1820年にイタリアで書かれたものが最初である。ゼリービーンやウサギのかたちのチョコレートといったお菓子がイースター・バスケットの伝統に加わったのは1930年代だ。1953年、アメリカのキャンディ会社ジャスト・ボーンは、ピープスと呼ばれる立体的なイースターのヒヨコをマシュマロでつくった。2012年、アメリカ人はイースターキャンディに23億ドル以上を費やしたが、そのうち9000万ドルはウサギのかたちのチョコレート、7億ドルはピープスのマシュマロ、160億ドルはゼリービーンに使われた。

ハヌカーは8日間の光の祭りで、紀元前164年のセレウコス王朝に対する軍事的勝利と、エルサレムにおける第二神殿の再奉納を祝うユダヤ教の行事である。ハヌカーは家庭で祝われ、子供たちは一晩にひとつずつ、ささやかなプレゼントをもらう。これは大抵、ゲルトと呼ばれる硬貨だった。１９２０年代、都会の菓子職人たちは自分たちの商品を理想的なハヌカーの贈り物として売り出した。たとえばニューヨークのロフト・キャンディ社は、硬貨に似せた丸くて平たいチョコレートを金箔で包んだものを売り出した。ブルックリンを拠点とする創業１９３８年のバートンズは、ハヌカーと過ぎ越しの祭り用にコーシャー［ユダヤ教の戒律に従った食品］のチョコレートをつくった。

バレンタインデー（2月14日）は、ローマ時代に殉教した聖人に敬意を表して祝うようになったと言われ、中世のヨーロッパで広く祝われる祭日だった。キャンディがいつバレンタインデーの伝統になったのか正確にはわからないが、１８６０年にはイギリスの菓子職人リチャード・キャドバリーが最初のバレンタインデー用の箱詰めチョコレートを売り出し、今日でも恋人たちはその日に、チョコレートを手の込んだ箱に詰めて交換する。アメリカでは、短いロマンチックな言葉が書かれた小さなハート型の砂糖菓子、スイートハート・キャンディが１９０２年にニューイングランド・コンフェクショナリー・カンパニー（ＮＥＣＣＯ）によってつくられた。21世紀になると、ＮＥＣＣＯは毎年約80億個のスイートハート・キャンディをつくるようになり、そのほとんどすべてがバレンタインデー前の6週間に売れる。

●チョコレート

ヨーロッパや北アメリカでは、17世紀の中頃には、砂糖を入れたホットチョコレートが飲まれるようになっていたが、チョコレートがお菓子として売られるようになったのは19世紀に入ってからのことである。1815年、オランダ人のクンラート・ヴァン・ホーテンがチョコレートから脂肪を取り除いてアルカリ処理をする方法を開発した。これがその後の一連の発見のきっかけとなって、1828年に粉末ココアの生産が実現し、最終的には、粉末と固形でのチョコレートの大規模生産へとつながった。

イギリスでは、19世紀の中頃にはチョコレートが手づくりされていた。クエーカー教徒のジョン・キャドバリーもそうした製造業者のひとりで、強く禁酒を唱え、アルコールに代わるものを提供すべきだと考えていた。1831年、キャドバリーはチョコレートを飲むためのココアの製造を始めた。1866年になると、手づくりのボンボンやチョコレートでくるんだヌガー、その他のチョコレート・キャンディなど、食べるチョコレートの製造も始め、1897年にはミルクチョコレートの生産を開始した。もうひとりの重要なチョコレート製造業者は、やはりイギリスのクエーカー教徒であるジョセフ・ストーズ・フライで、ココアパウダーと砂糖に溶かしたココアバターを混ぜて薄いペースト状にし、型に入れて板チョコレートをつくる方法を考案した。フライの会社、J・

S・フライ・アンド・サンズは瞬く間に世界最大のチョコレート製造企業となった。1919年にキャドバリー社はJ・S・フライ・アンド・サンズを買収したが、キャドバリーの板チョコレートのいくつかは、今も「フライズ」の名前で販売されている。

キャドバリー社自体も2010年に巨大食品企業クラフトフーズ社に買収されたが、その3年後、クラフトフーズ社は菓子とスナック食品部門を新会社モンデリーズ・インターナショナルとして独立させた。現在、モンデリーズで最もよく売れているブランドはキャドバリーの「デイリーミルク」「ミルカチョコレート」「トライデントガム」である。

イギリスのヨークにある食料雑貨店ウィリアム・テューク＆サンズは1785年にココアの販売を始めた。1862年にはヘンリー・アイザック・ラウントリーがテュークスのココア事業を買収し、1881年にフルーツ・パスティーユ、1893年にフルーツガムを発売している。ラウントリー社が設立されたのはその4年後で、キャドバリーと同じように、食堂やその他の施設、労働者会議、年金制度、失業給付、年次有給休暇など、従業員のための特別な福利厚生制度を整えた。

1931年、ラウントリー社は積極的な開発プログラムに乗り出した。同社の成功の鍵となったのは、ひとつにはマース社オーナーのフォレスト・マースとの関係である。この会社の「マースバー」は1932年にイギリスに入ってきたが、それまで〝コンビネーションバー〟（チョコレート、ピーナツ、キャラメルなど複数の材料でできている）は、イギリスではさほど人気が出なかった。

園芸ホールで催された展示会の売店で、学生たちにチョコレートを売る女性。ウェストミンスター、ロンドン。1926年1月2日。

ラウントリー社は1935年に「チョコレート・クリスプ」を発売し、2年後に「キットカット」と改名する。さらに、1937年には「スマーティーズ」を発売する。この砂糖でコーティングされたカラフルなチョコレートの粒は、現在でもイギリスや南アフリカ、カナダ、オーストラリアで根強い人気がある。ラウントリー社は1988年にネスレに買収されたが、それ以降もチョコレートやお菓子の新製品の多くがラウントリーの銘柄で発表されている。

●アメリカのチョコレート製造業者

ミルトン・ハーシーはペンシルバニア

州のランカスターでキャラメル製造業を営んでいた。1893年にシカゴ万国博覧会を訪れ、ドイツのドレスデンにあるレーマン社の展示するチョコレート製造機に魅せられたハーシーは博覧会でレーマン社の機械を買いつけ、ランカスターに送らせた。さらに、ベーカーズチョコレートからふたりのチョコレート職人を雇い入れ、チョコレート・キャンディの大量生産を始めた。それまでアメリカのチョコレート・キャンディは、すべて手作業でつくられていた。ハーシーのキャラメル事業の子会社であるハーシー・チョコレート社は、まず朝食用のココア、スイートチョコレート、料理用チョコレート、さまざまな小さなキャンディの製造を始め、やがて1905年頃に「ハーシーズ・ミルク・チョコレート」、1907年に「ハーシーズ・キス・チョコレート」の発売に至る。

創業当初から順調に歩み続けてきたハーシー・チョコレート社は、第一次世界大戦中に飛躍的に売り上げを伸ばした。ヨーロッパで戦うアメリカ兵にハーシーズ・チョコレートバーが配られたためである。それまでチョコレートバーを食べたことがなかった多くの兵士たちが、戦争が終わって帰還すると、ハーシーの商品の需要が急増した。近年においても、ハーシー社は売り上げを伸ばし、買収を進めることによって、世界に拡大し続けている。「リーセス」はアメリカのチョコレートの売り上げ1位、世界のチョコレートの売り上げでは4位にランキングされている。

1922年、ミネアポリスのフランク・マースはマース・オー・バー社を設立した。キャラメルとナッツ、チョコレートでつくったバーの販売からスタートしたこの会社は、その翌年に「ミル

リーセス・ピーセスは大ヒットした映画『ET』にも登場した。

フォレスト・マースは1932年にイギリスでマース・バーを売り出した。

マース社のミルキーウェイは最初に人気を呼んだコンビネーションバーのひとつ。

アメリカでよく売れているキャンディの数々

キーウェイ」バーを発売し、1930年には、ピーナッツ味のヌガーバーにナッツとキャラメルを載せ、チョコレートでコーティングした「スニッカーズ」を売り出した。これは瞬く間にアメリカで最も人気のあるキャンディバーのひとつとなり、その地位は今も変わらない。

フランク・マースの息子、フォレスト・マースは父親との折り合いが悪かったため、5万ドルを手にイギリスに渡り、新しい会社マースをつくった。マース社は1932年にミルキーウェイよりも甘味の強い「マースバー」を売り出し、1939年にはイギリスで3位の菓子メーカーにランキングされている。1939年に第二次世界大戦が勃発すると、フォレスト・マースはアメリカに帰り、ハーシー社の社長の息子ブルース・マーリーとともに新しい会社を立ち上げた。ふたりの姓がMで始まることから、新しい会社はエム&エムと名付けられた。最初に売り出した製品は、小さなミルクチョコレートの粒を固い砂糖の殻で包んだ、スマーティーズそっくりのお菓子で、これは「エム&エムズ」と名付けられた。

マースとエム&エムが合併するのは1964年のことで、マース社はその後も合併や新商品の開発を重ね、拡大を続けた。2011年の時点では世界のキャンディ市場の15パーセントを占め、世界最大の菓子製造会社となっている。現在、マース社の「ダヴ・チョコレート」(イギリスでは「ギャラクシー」)、「オービット」(ガム)と「エキストラ」(タブレットミント)は、それぞれ世界でトップクラスの売り上げを誇っている。マースのエム&エムズは何十年にもわたって世界のお菓子の売り上げトップに輝き続けた。しかし2012年、世界一の座はマースのスニッカーズに奪われた。その年のエム&エムズの売り上げは34億9000万ドル、スニッカーズ35億7000万ドルで、現在、世界で最も売れているお菓子はスニッカーズである。

●他の菓子メーカー

1860年代、ドイツ生まれでスイスに暮らす薬剤師アンリ・ネスレはコンデンスミルクを開発し、牛乳と小麦粉でつくった乳児用調製粉乳を売り出した。1874年にこの会社は売却されているが、ネスレの名前は今も残る。当時、ネスレは友人のチョコレート職人ダニエル・ペーターと協力し、ミルクチョコレートバーを完成させている。ネスレのコンデンスミルクを使ったペーターのチョコレートは、すぐにヨーロッパで最もよく知られるチョコレート銘柄のひとつとなった。

1904年には「オヴァルティン」というスイスの商品が生まれている。これはある医者が重病人の栄養補給のためにつくった麦芽飲料で、その後数十年にわたって広く出回った。砂糖と麦芽入りの粉末チョコレート「オヴァルティン」は、牛乳に混ぜてホットでもアイスでも飲め、特にビタミンが加えられている点が健康に良いと宣伝された。オヴァルティンの成功に目をつけたネスレは、独自の牛乳調味品を売り出した。これが、甘味を加えた粉末チョコレート飲料「ネスレ・クイッ

由緒ある昔ながらのキャンディ・ストア。マニトワック、ウィスコンシン州。

先進国の至るところでつくられ、市販されているチョコレートバーの数々。

ク」（「ネスクイック」とも呼ばれる）である。1948年の発売以来、長期にわたって子供向けテレビ番組のスポンサーとなっていたことから、ネスレ・クイックの人気は衰えることがなかった。その後、ネスレは製品ラインを広げ、ガムシロップやシリアルも販売するようになる。

第一次世界大戦が起こるとネスレの売り上げは落ち込んだが、戦後は再び盛り返した。1920年代後半には、チョコレートはネスレにとって2番目に重要な商品になっていた。1929年、ネスレはダニエル・ペーターの会社を買収し、チョコレートミルクをつくるための粉末チョコレート、高級チョコレート、そして板チョコレートの生産を始めた。第二次世界大戦後は、他の会社を買収したことも手伝い、ネスレは急速に拡大した。1988年には、イタリアのチョコレート製造会社ペルジーナやイギリスのチョコレート製造会社ラウントリーを買収した。ラウントリーの「キットカット」の売り上げは世界のチョコレートの売り上げ第10位にランキングされる。

もうひとつの大手製造会社は2001年創業のペルフェティ・ファン・メレ・グループで、イタリアのミラノに本社がある。この会社の「メントス」というミント味のチューイングキャンディは、世界で11位にランキングされている。

現在では、何万もの銘柄のさまざまなお菓子が世界じゅうでつくられている。スウェーデン人は世界で最も多くのお菓子（ひとり当たり年間17キログラム弱）を消費している。スイス人はチョコレートの消費量が多い（ひとり当たり年間11・3キログラム）。アメリカ人はひとり当たりのキャ

イギリス生まれのキットカットは、現在、世界じゅうで買うことができる。

ンディの消費量は少ないが、使っている金額——年間320億ドルに達する——は多く、最近の不況下においても増え続けている。世界全体のお菓子の売り上げも伸び続けていて、今では年間1500億ドルに上ると推定される。

第6章 ◉ 砂糖天国アメリカ

現在、キャンディやお菓子だけでなく、朝食用シリアルやビスケット（クッキー）、ドーナツ、アイスクリーム、ソフトドリンクなど、世界じゅうで売られる多くの商品に砂糖が入っている。また、従来は甘味も香りも強くなかった加工食品にも砂糖が入れられるようになった。缶詰のスープや野菜にも、それとはわからないように砂糖が加えられている。パンやクラッカー、ポテトチップに始まり、冷凍ディナー、調味料（ケチャップ、チリソース、ウスターソースなど）にドレッシング、またピーナツバターにベビーフード、乳児用調製粉乳、ピザ、ホットドッグ、ランチ・ミート、ピクルスや前菜用の軽食、味のついたヨーグルト、冷凍食品、フルーツジュース、フルーツ味のアルコール飲料、〝エナジー〟ドリンクやスポーツドリンク、さらにペットフードに至るまで、数え上げればきりがない。加工食品のなかには、蔗糖、ブドウ糖、右旋《うせん》糖、麦芽糖、乳糖、ガラクトース、麦芽シロップ、マルトデキストリン、コーンシロップ、ブドウ糖果糖液糖、糖蜜、コーン甘味料など、さまざまな名前で砂糖が潜んでいるのだ。

このような「加工品の砂糖化」が最も進んでいるのはアメリカだ。19世紀に砂糖の価格が下がると、所得や社会階級にかかわらず、甘いデザートやスナックがアメリカのあらゆる家庭で食べられるようになった。そして、ケーキやクッキー、パイ、その他のペストリーに使われる砂糖の量はどんどん増えていった。外国人観光客はこのことについて、「他の部分では質素でつつましい家庭においても、使われる」砂糖やその他の甘味料の量は「驚くほどだ」と述べている。

1870年代には、アメリカのひとり当たりの年間砂糖消費量は41ポンド（18・6キログラム）となった。工場で生産された食品が店に並ぶようになって砂糖の価格がさらに下がると、アメリカの砂糖消費量は急激に伸びていった。たとえばケーキは——素朴なものから贅沢なものまで——アメリカの食生活とは切り離せないものとなり、パーティではゼリーケーキやパウンドケーキ、プラムケーキがふんだんに振る舞われるようになった。アメリカのキッチンでは、シュガークッキー、ウェハース、キスクッキー、ドロップクッキー、ジャンブルクッキー［薄い輪形のクッキー］、スナップクッキー（薄くパリパリしたクッキー）、マカロン、ジンジャーブレッド、クルーラー（ねじったドーナツ）、ドーナツなど、いい匂いのお菓子が次々とつくられ、当然使われる砂糖の量もどんどん増えていった。朝食には甘いロールパンやドーナツが食べられるようになり、1901年には、ア

綿菓子（綿あめ）は、20世紀初めのアメリカで人気が出た。

メリカ人の年間砂糖消費量はひとり当たり平均61ポンド（27・7キログラム）に達する。まさに砂糖熱に浮かされていたわけだが、その頂点はまだまだ先だった。

●朝食用シリアル

20世紀になるまで、アメリカの典型的な朝食と言えば、果物やパン、卵、ジャガイモ、それにさまざまな種類の肉――ベーコンやソーセージだけでなく、ビーフステーキや香りのいいミートパイ、子牛のレバーまでテーブルに並ぶこともあった――であった。19世紀後半には、菜食主義者や健康改革論者が精製していない全粒粉をベースにした朝食用食品の開発を始めた。オフィスで働く現代のサラリーマンの消化には全粒粉が適していると考えたためである。最初に商品化されたシリアルは甘味がなく、水に浸して食べることを想定してつくられていた。この商品が順調に売り上げを伸ばしはじめると、消費者がもっと甘いシリアルを求めていることに気づいた企業家たちは、シリアルにクリームや砂糖をかけて食べる新しいスタイルを考え出した。ウィル・ケロッグは兄のジョン・ハーヴェイ・ケロッグの反対を押し切り、コーンフレークに砂糖を加えた（健康食品の専門家で菜食主義者でもあるジョンは、砂糖の摂取による潜在的な健康リスクは、肉を食べるリスクよりも高いと考えていたのである）。

20世紀になって女性がどんどん職場に進出するようになると、シリアルは母親の家事労働を軽減する手段として宣伝された。子供たちは助けを借りずに自分の朝食を用意することができ、おまけに砂糖の入ったシリアルは子供たちに人気だった。当時の医学関係者によると、シリアルは子供にとって良いものだから、忙しい母親には二重にメリットがあるということだった。子供たちを直接ターゲットにした販売戦略をとっていたこともあり、シリアル会社の業績は世界大恐慌にあっても好調だった。製品に砂糖を加えれば加えるほど、売り上げは確実に上がった。

第二次世界大戦が終わって砂糖の配給制が過去のものになると、シリアル会社は砂糖の量をさらに増やした。ポスト社はパフ小麦を砂糖でコーティングした、歯ごたえのいい「シュガークリスプ」を売り出した。これが瞬く間にヒットしたことから、他のシリアル会社もこの例に倣って、子供をターゲットにした非常に甘いシリアルを売り出した。重量比で50パーセント近い砂糖を含むシリア

アメリカのスーパーマーケットでは、さまざまな種類のシリアルが数多く並ぶ。

ルもあり、ケロッグ社の「ハニースマック」に至っては、砂糖の量が55・6パーセントに達した。ポスト社は重量比70パーセントの砂糖が入った「スーパー・オレンジ・クリスプ」で応酬した。こうした状況に「これはシリアルなのか、キャンディなのか？」と首をかしげる人もいた。

こうした糖分のたくさん入ったシリアルは、子供向けのメディア、特にラジオやテレビ、店頭広告、後にはインターネットで大々的に宣伝された。アメリカの3大シリアル会社（ケロッグ、クエーカーオーツ、ポスト）は、製品に使う原料よりも、その宣伝に費用を投じた。アメリカのシリアル産業は年間8億1600万ポンド（約37万トン）、ひとり当たりにすると約3ポンド（1・4キログラム）の砂糖を使っている。健康食品として誕生したコールドブレックファースト用のシリアルは、皮肉にも現在ではアメリカ人――特に子供――が糖分を摂りすぎる大きな要因と考えられている。アメリカのテレビではシリアルのコマーシャルが1年に130万回以上流れ、そのほとんどが子供をターゲットにしている。

●ビスケット、クッキー、ケーキ、そしてパン

英語の「ビスケット」はラテン語から中期フランス語を経て生まれた語で、もともとは「二度焼きした」という意味だ。ヨーロッパの初期のレシピでは（現在のイタリアの「ビスコッティ」のレシピのように）生地を細長いローフのかたちに焼いてから切り分け、もう一度ゆっくり焼いて水分を飛ばす。乾燥すればするほど、それだけ長く保存がきく。イギリスのビスケットのレシピは、イギリス人入植者とともにアメリカに伝わったが、アメリカにはオランダ人が入植した地域もあり、小さなケーキを意味するオランダ語の「クオキエ」が、甘いビスケットを指す「クッキー」という言葉になった。『アメリカ料理 *American Cookery*』（1796年）の著者アメリア・シモンズは最初の「クッキー」のレシピを出版したことで知られるが、そのなかには、3ポンド（1360グラム）の小麦粉に対し1ポンド半（680グラム）の砂糖を使った「クリスマスクッキー」もあった。

クッキーは焼き菓子のなかで最もシンプルで、材料も少ない――そのひとつが砂糖である。オー

ヨーロッパでは、16世紀からクリスマス・ビスケット（クッキー）が供されている。

ブンに入れて数分で焼き上がるので、思い立ったときに焼いて簡単なデザートとして出すことも、軽食にすることもできる。長いあいだ、中身がいっぱい詰まったクッキージャー［ガラスやホーロー製のクッキーの入れもの］は、手の行き届いたアメリカの家庭、愛情あふれる母親、幸せな家族の象徴とされてきた。そしてジャーのなかのクッキーは、型抜きしたシュガークッキー、オートミールやピーナツバタークッキー、昔ながらのチョコチップクッキーなど、（言うまでもなく）手づくりでなくてはならない。

一方、近所の製パン店やペストリー店ではもっと凝ったクッキーを売り、19世紀にはアメリカの製菓工場がクッキーの大量生産を始めた。20世紀に入る頃には、市販のクッキーが国じゅうどこでも買えるようになり、パーティー好きでおしゃれな女主人たちに商品を気に入ってもらおうと、広告キャンペーンがこぞって繰り広げられた。1898年に小さな焼き菓子会社の複合企業として設立されたナショナル・ビスケット・カンパニー（のちのナビスコ）はその先頭に立ち、オレオなどのさまざまなクッキーを開発した。現在、オレオは世界で一番売れているクッキーである。

わたしたちが知るケーキは、パンの一種として生まれた。パンケーキのように平たく、ひっくり返して高温で両面を焼くものもある。特殊なケーキ型で焼くものもある。初期のケーキに甘味があったとしたら、それは少しハチミツが入っていたためか、あるいは甘味をつけずに焼き上げ、ハチミツと一緒に出したのだろう。16世紀から17世紀のあいだに、ケーキの生地にはハチミツの代わりに砂糖が使われるようになり、つけ合わせのハチミツは砂糖を使った衣かバタークリームに変わった。1615年になると、料理本はケーキのレシピに「大量の砂糖」を使うことを勧めている。1680年代には、ケーキは食後のデザート、あるいは午前か午後のお茶やコーヒーと一緒に出されるのが一般的になった。贅沢なデコレーションケーキは、クリスマスや結婚式、誕生日など、特別な日や儀式に供されるごちそうの目玉となった。砂糖の価格が下がって精製糖の質が上がるにつれて、ケーキに使われる量も増えた。19世紀には、粉砂糖（キャンディづくりに使われるため、コンフェクショナリー・シュガーとも呼ばれる）はどこでも手に入るようになり、ケーキにかける砂糖の衣のレシピにも使われるようになった。

ケーキづくりの伝統はヨーロッパからの移民たちによってアメリカに持ち込まれた。植民地時代に人気のあったケーキは、今も変わらずアメリカ人のお気に入りのデザートである。シンプルなジンジャーブレッド、パウンドケーキ、エンジェルケーキ、スポンジケーキから、こってりしたフルーツケーキ、チーズケーキ、砂糖をまぶしクリームなどをはさんだレイヤーケーキ、手の込んだウェディングケーキ、楽しく飾りつけたカップケーキに至るまで、アメリカのケーキには砂糖がふんだんに使われる。今でもケーキ――特に誕生日のケーキ――は家庭で一からつくることが多いが、ミックス粉や製パン店のケーキ、パック入りケーキや冷凍ケーキまで、ケーキづくりに熱心でない人のための商品もそろっている。

従来、パンは砂糖を加えずにつくられてきたが、19世紀初めに出版された黒パン（消化不良パンとも呼ばれる）のレシピには糖蜜を使うものもある。しかし、19世紀後半、製粉機の石臼に代わって鋼鉄製の高速ローラーが使われるようになると、パンづくりにも変化が起こる。小麦からふすま［小麦粒の表皮部分］と胚芽が取り除かれ、風味のないまっ白な小麦粉がつくられるようになったのだ。パン職人は味気なさを補うために砂糖を加えるようになり、加える砂糖の量はしだいに増えていった（砂糖の保湿性でパンの水分が増し、やわらかい食感が長持ちする）。1880年代の料理本では、小麦粉8カップにつき大さじ1杯の砂糖を勧めている。1890年代になると、小麦粉1カップにつき砂糖大さじ1杯にまで増やすレシピも出てきた。市販のパンに加えられる砂糖の量はもっと多く、20世紀になるとさらに増え続けた。一方、イタリアやフランスのように、パンにほとんど、あるいはまったく砂糖を加えない国もある。

●ドーナツ

アメリカのドーナツはオランダ、ドイツ、あるいはイギリスが起源であろう。オランダ人はこれをオリクーケン（オイルケーキ）あるいはオリボーレンと呼び、甘味をつけた生地を小さくちぎり、両手の平で丸めたものを熱した油に落としてつくる。オランダ式のボール状のドーナツ（あるいは油で揚げた生地〝ドウ〟の実〝ナッツ〟）はアメリカで人気だったが、真ん中に穴のあいたドーナツが広くつくられるようになるのは19世紀末のことである。コーヒーに浸しやすくするという現実的な理由から考えられた工夫だと言われているが、生地に均等に火が通るようにこのかたちになったという説もある。

第二次世界大戦後、市販のドーナツの売れ行きは飛躍的に伸びた。設備にかかる費用がさほど高くないことから、ドーナツ店はフランチャイズに適していた。ドーナツのフランチャイズには、ダンキンドーナツ、ハウス・オブ・ドーナツ、クリスピークリーム、そしてウィンチェルズなどがあり、ダンキンドーナツだけでも、一日当たり640万個（年間で23億個）のドーナツが売れてい

エンテマンズのバラエティパック・ドーナツ

ると推定される。

1964年には、ドーナツチェーンがさらにもうひとつ増えた。殿堂入りを果たしたカナダのホッケー選手ティム・ホートンが設立したチェーン店「ティム・ホートンズ」の1号店が、オンタリオのハミルトンにオープンしたのだ。淹れたてのコーヒー、カプチーノ、ドーナツ、そして〝ドーナツの穴〟が売りのこの店は、まもなく他の商品も扱うようになった。会社はすぐに拡大し、ファストフード業界ではカナダ最大となった。ティム・ホートンズは1995年、アメリカに系列店をオープンした。2014年にバーガーキングによる買収が決まったとき、ティム・ホートンズはおよそ4600店の系列店を持ち、そのうち845店がアメリカなどカナダ以外の国々にあった。

北アメリカではドーナツ店の約80パーセントがテイクアウト型で、ドーナツの80パーセントは昼前に売れる。店に並ぶドーナツのかたち、大きさ、味はさまざまである。イーストで醱酵させたドーナツやベーキングパウダーを使ったドーナツがあり、どちらもたっぷりの油で揚げられる。脂質を制限している人のために、オーブンで焼いたドーナツも用意されている。ほとんどのドーナツには穴があり、穴（あるいは穴に似せた小さな塊）は別に売られている。また、ジャム（ゼリー）やカスタードなど、さまざまな甘いフィリングを詰めたフィルド・ドーナツの他、粉砂糖やシナモンシュガーをたっぷり振りかけたもの、薄くチョコレートをかぶせたもの、バニラ、チョコレート、その他の味のシロップをかけてつやを出したもの、トーストココナツや粒状のチョコレートを振りかけたものまである。さらに、細長い生地をねじって油で揚げたクルーラーや、大きなエクレアのようなかたちのジャムドーナツ、ビスマルクなど、ドーナツに似たペストリーもある。

◉アイスクリーム

氷菓、アイスクリーム、ソルベ——あらかじめ果汁で甘味をつけてから凍らせたデザート——の起源は、おそらく16世紀のイタリアかフランスにあると思われる。フランスのカフェでは17世紀から売られていて、１８００年代にはヨーロッパのほとんどの都市にアイスクリームを売る小さな店があった。18世紀のイギリスの料理本にはアイスクリームのレシピがいくつか載っている。アメリカにアイスクリームづくりの技術を持ち込んだのはヨーロッパからの移民で、1790年代にはいくつもの都市にアイスクリーム・パーラーが開店している。また、19世紀のアメリカの料理本には、アイスクリームのレシピ――そのほとんどが大量の砂糖を使って甘味をつける――が数多く載せられている。

アイスクリームの3大フレーバー――チョコレートとバニラ、ストロベリー――は19世紀に売り出され、それ以来ずっと人気を保っている。しかし、19世紀の間にフレーバーの種類が増え、独創的なトッピングやソース、飾りで仕上げた凝ったアイスクリームも次々と現れた。また、ソーダ・ファウンテン［ドラッグストアなどで清涼飲料水を提供するカウンター形式の設備］の飲みものにもアイスクリームが加えられた。20世紀後半になると、ミックスイン――クッキーやキャンディ、チョコレート、ナッツ、果物の塊を混ぜ入れたり、どろりとしたキャラメル、ファッジ［キャンディの一種］、ピーナツバターを渦巻き状に入れ込んだりした高級アイスクリーム――も登場する。

19世紀のかなりの期間、アイスクリームを食べに出かけることは、上流階級の気晴らしだった。「パーラー」と呼ばれる店舗では、優美なガラスの皿に盛ったアイスクリームが出され、客はこれをスプーンで食べる。アイスクリームは夏に人気のおやつで材料も安価だったが、露天商にとっては、商品をどうやって冷やしておくか、そして皿とスプーンなしでどうやって客に出すかという点が問題だった。この問題の解決策となったのがアイスクリームコーンで、これは19世紀末に考案された。

市販のアイスクリームの生産が本格的に始まるのは、冷凍技術の向上によってドラッグストアやソーダ・ファウンテン、食料品店での販売が可能になってからのことである。アメリカではソーダ・ファウンテンで出される商品が、酒場やバーで出されるアルコールと競合していたことから、禁酒運動が追い風となった。禁酒法のおかげでアイスクリームの人気はうなぎ上りとなり、バーや居酒屋、酒場が店をたたんだ後、ソーダ・ファウンテンは地域の人々が集う場所となった。しかし、第二次世界大戦後には、食料品店にセルフサービス式の大型冷凍庫が広まり、家庭用冷蔵庫の冷凍室が大きくなって性能も向上したことから、パック入りのアイスクリームを買うことが日常生活の一部になった。

1950年代には大手のアイスクリーム製造会社が小さな会社よりも安値で販売するようになり、スーパーマーケットは取り扱う商品をナショナル・ブランドへと切り替えた。一方で、スーパーマーケット・ブランドよりも乳脂肪が多く空気が少ない〝超高級〟アイスクリームが入りこむ隙間ができた。数十年続いた家族経営のアイスクリーム会社が生み出した新商品ハーゲンダッツは、1960年に初めて売り出された。ロングアイランドのふたりの若者が手づくりしたアイスクリームをもとにしたベン・アンド・ジェリーズは、バーモント州バーリントンのガソリンスタンドを改装した店で、1978年に最初に販売された。ブレイヤーズは今でもアメリカの最大手アイスクリーム製造会社で、1951年以来その地位を守り続けている。その後に続くのがドレイヤーズ、エディーズ、そしてブルー・ベル・クリーマリーズである。

アイスクリーム業界はナショナル・ブランドへの集中が進んでいるものの、カテゴリー別では、今日のアメリカのアイスクリーム製造業者のうち最も大きな割合を占めているのが、地方や地域レベルで販売されることの多い独自のブランドである。2013年、アメリカ人は110億ドル相当のアイスクリーム——そのすべてに砂糖がたっぷり入っている——を購入したと推定されている。

●甘い飲みもの

さらにもうひとつ、砂糖がたくさん入ったおやつと言えばソーダ水である。これも朝食用シリアルと同じように健康食品として誕生したが、結果は正反対となった。炭酸が入っていないものでも、もともと発泡性のあるものでも、昔からミネラルウォーターには治療効果があると考えられていたため、人工的に炭酸ガスを混ぜた水にも薬のような効果があると考えられた。天然温泉地に建てられたヨーロッパの温泉リゾートでは、泡のたつミネラルウォーターを飲むことは健康療法の重要な要素となっていた。

18世紀、ジョゼフ・プリーストリーやアントワーヌ＝ローラン・ド・ラヴォアジエといった科学者たちが、天然泉やビール、シャンペンの泡のもとが炭酸ガスであることを発見した。プリーストリーはこのガスを発生させる装置をつくり、当時の海軍卿だった4代目のサンドウィッチ伯爵（サンドウィッチの考案者と同じ人物である）に、この発明に関する報告書を送った。伯爵はプリーストリーに英国内科医師会の前でこの装置の実演をするよう依頼した。プリーストリーが実演した際、それを見ていたメンバーのなかに、当時ロンドンで暮らしていたベンジャミン・フランクリンがいた。

ソーダ水をつくる独自の装置を設計した科学者は他にもいた。１７８３年、ヨハン・ヤコブ・シュウェッペは炭酸水の製造法を改良し、スイスのジュネーブにシュウェップス社を設立した。シュウェップスはフランス革命とその後の混乱期に事業をイギリスに移し、イギリス王室はそのソーダ水を医薬として使うことを認めている。

１８００年になると、製造業者は重曹（重炭酸ナトリウム）溶液を加えることによって発泡水ができることを発見する。しかし、炭酸水は大抵の場合、高圧下で硫酸を使ってつくるため、作業員が酸で火傷を負ったり、容器が破裂したりすることもめずらしくなかった。１８１０年以降、炭酸水をつくるさまざまな装置が特許を取得したが、工程は複雑で、装置を動かすことができるのは熟練技術者だけだった。装置が高価で、つくられた飲みものには薬効があると考えられていたため、ソーダ水は薬局でのみ販売された。炭酸水から味のついたソーダ水への道のりはほんの小さな一歩だった。アメリカで市販された最初の味つき炭酸水はジンジャーエールだったというのが通説で、「バーナー・ジンジャーエール」をつくったデトロイトの薬剤師ジェイムズ・バーナーが、1866年に初めて売り出した。

甘い飲みものの草創期につくられたもうひとつの炭酸水がルートビアで、この飲みものは従来、樹皮や葉、根、薬草、スパイス、その他、植物の香りがよい部分を使って味をつけていた。初期のルートビアは自家醸造の低アルコール飲料だったが、その後、風味豊かな材料から抽出したエキスが気つけ薬――この時期を代表する薬草剤――としてもてはやされるようになった。1840年代になると、ルートビアの素とシロップが地元で生産され、菓子店や雑貨店で販売されるようになった。フルーツシロップと砂糖、ソーダ水でつくった飲みものを、アイスクリームと組み合わせて販売するソーダ・ファウンテンが、アメリカじゅうに出現した。

ソーダ会社がつくった甘いシロップやエキスはドラッグストアに売られ、ドラッグストアはそれを炭酸水と混ぜて販売した。1892年にウィリアム・ペインターが王冠［瓶の蓋］を考案すると、販売方法に変化が現れた。低コストで、簡単にしっかりと瓶を密閉できるようになったのだ。同じ頃、瓶詰めの技術も向上した。新しいガラス瓶は丈夫で〝シュワシュワ感〟を閉じ込めておける上に、瓶詰めの際に割れる心配もなくなった。

アルコール飲料の製造と販売が違法とされた禁酒法の時代、清涼飲料は再び大きく売り上げを伸ばした。1920年代にはファストフード・チェーンも登場し、そのほとんどすべてで清涼飲料が販売された。１９３３年に禁酒法が廃止されたときには、清涼飲料とファストフード店はすでにアメリカにしっかりと根づいていて、その売り上げは右肩上がりに伸び続けた。

清涼飲料メーカーは販売促進や宣伝に何十億ドルもの費用を投じている。マンガや映画、ビデオ、慈善活動、遊園地などを通じて、マーケティング活動は子供たちに向けられている。さらに、清涼飲料メーカーは放送や出版メディアに加えてインターネットでもコンテストや懸賞、ゲームを主催しているが、その多くは若い世代をターゲットにしている。公益科学センター（ＣＳＰＩ）は２００５年の「清涼飲料水」という調査報告書のなかで、清涼飲料メーカーが製品の宣伝や販売のために学校をターゲットとしてきたことを明らかにしている。また、清涼飲料が「日常の食事で摂取する精製糖全体の３分の１を占めている」ことを報告している。ＣＳＰＩによると、清涼飲料は単独で最大の精製糖の摂取源であり、男子の摂取カロリーの９パーセント、女子では８パーセントを占めている。報告には、アメリカのティーンエイジャーの少なくとも75パーセントがソーダを毎日飲んでいることも書かれている。

アメリカの炭酸飲料会社は国外でも急速に拡大してきた。コカ・コーラ社とペプシコ社を合わせると、世界の炭酸飲料の70パーセント以上を売り上げている。世界的に見ると、炭酸飲料会社は毎日13億杯に相当する炭酸水を販売しているが、その砂糖の量は炭酸飲料グラス１杯につき小さじ約８杯分になる（ダイエット飲料を除く）。

◉エナジードリンクとスポーツドリンク

フルーツジュースやフルーツ清涼飲料水、コーヒー飲料、〝エナジードリンク〟など、他の多くの飲みものにも砂糖が加えられている。1940年代に大量消費加工品として登場して以来、フルーツ飲料には砂糖が加えられてきた。

製造業者は「フルーツ」という言葉を使い、缶や瓶の中身に栄養があると消費者に信じ込ませようとしてきたが、フルーツ飲料は果物の味をつけた砂糖水にすぎない。たとえば、フルーツ清涼飲料水には一般的に16グラムの砂糖が入っている。もっと砂糖の量が多いものもある。20オンス（600ミリリットル）入りのビタミンウォーター1瓶には33グラム、スターバックスの16オンス（475ミリリットル）のカフェ・バニラ・フラペチーノ1杯には67グラムの砂糖が含まれる。また、コスタ・メディオのトロピカル・フルーツクーラー1杯には73グラムの砂糖が含まれる——これはクリスピークリームのドーナツ1個分に含まれる砂糖の7倍以上になる。

エナジードリンクは広く普及してきたが、そのほとんどにおびただしい量の甘味料が加えられている。1927年に最初のエナジードリンク「グルコゼード」を開発したのはイギリスの製薬会社だった。このエナジードリンクは砂糖がたくさん入った炭酸水で、おもに子供が病気から回復するのを助けるためのものだった。この調合法を手に入れたイギリスのある製薬会社は、商品名を「ルコゼード」に変え、「ルコゼードは回復を助ける」というキャッチフレーズで売り出した。1983年には販売戦略を変え、「ルコゼードは失われたエネルギーを取り戻す」という売り文句で、エナジードリンクとして売り出すことを決めた。

カフェイン、蔗糖、ブドウ糖、その他の材料からつくられる「レッドブル」は、1987年にヨーロッパで発売された。アメリカではその10年後に発売され、一番人気の飲みものとなった。レッドブルを皮切りに、「ジョルト」「モンスターエナジー」「ノー・フィアー」「ロックスター」「フルスロットル」など、よく似た飲みものがさまざまな銘柄で登場した。大手企業もこれに参入した。アンハイザー・ブッシュ社の「180」、コカ・コーラ社の「KMX」、デルモンテ・フーズの「ブルーム・エナジー」、ペプシコ社の「アドレナリン・ラッシュ」である。こうした飲料のカフェイン含有量は最高で16オンス（475ミリリットル）当たり500ミリグラムに上り、砂糖もさまざまな種類のものが大量に使われていることが多い。21世紀初めには、アメリカだけでも300以上の銘柄のエナジードリンクが売り出されている——そして、そのほとんどに高カロリーの甘味料が多く含まれている。

砂糖は多くのスポーツドリンク——持久力を増し、回復をうながすことによって運動能力を高めるように考えられた飲みもの——の主成分でもある。こうした飲料で最初に登場したのが「ゲータレード」で、1965年にフロリダ大学のロバート・ケードとデイナ・シャイアズによって考案された。ゲータレードは水と電解質、それに大量の糖質（この場合はほとんどが砂糖で、16オンス中に28グラム入っている）から成る非炭酸飲料である。ゲータレードはスポーツドリンク産業の先駆けとなった。熾烈な競争や激しい運動に明け暮れる運動選手を対象にしたスポーツドリンクは、（あらゆる砂糖入り飲料と同じように）エネルギーレベルが高くなっている――ところが、ほとんどの場合、スポーツドリンクやエナジードリンクを飲んでいるのは運動選手以外の人であり、結果として体重増加を招きやすい。

●至福ポイント

甘味をつけた商品がよく売れるということは20世紀の初めから知られている。飲料メーカーにとって、「売り上げを最大にするためには砂糖をどれだけ加えるべきか」は重要な問題だった。この研究が始まった1970年代初めに、心理学者のアンソニー・スクラファニとデレリ・スプリンガーは実験用ネズミを使った肥満の実験をした。ネズミにドッグフードの「ピュリナ・ドッグチャウ」のみを食べさせたときは過食も体重増加もせず、一方、糖分の多い朝食用シリアル「フルーツループ」［ケロッグ社］を食べさせると肥満になることを発見した。スクラファニとスプリンガーは、他にもスーパーマーケットで売られている一般的な食品――ピーナツバター、マシュマロ、チョコレートバー、甘味をつけたコンデンスミルク、チョコチップクッキー——を使って実験を繰り返した。ネズミは甘い食べもののほうを好んだ——機会が与えられれば、肥満になるまでそれを食べ続けた。その後の実験から、肥満になったネズミは甘味のない普通のネズミ用フードを与えても食べようとしなくなることがわかった。

同じ頃、マサチューセッツ州ナティックにある米国陸軍研究所で、ハワード・モスコウィッツは戦場にいる兵士のためにおいしい軍用食をつくる方法を研究していた。実験の結果によると、砂糖をある点まで加えていくと、兵士はその食べものに対してより強い好みを示すようになるが、その点を超えると、どんなに砂糖の量を増やしても、その食べものへの好みは弱くなる一方だった。甘味の魅力が最大になる点を表す「至福ポイント」という言葉をつくったのはモスコウィッツだとされている（至福ポイントは脂質と塩分の量についても立証されている）。こうした一連の研究から得られた結論は、「砂糖への愛は生まれながらのもので、人間には甘い食べものを好む遺伝子が組み込まれている」というものだった。

1891年、モスコウィッツは陸軍研究所を離れ、アメリカの食品会社の本社が集まるニューヨークのホワイト・プレーンズにコンサルティング会社を設立し、食品会社が製品の「至福ポイント」を見つける手助けをした。この会社は大きな成功をおさめ、モスコウィッツがアドバイスした会社も成功した。

しかし、フィラデルフィアにある、政府機関や大企業が出資する独立非営利研究施設のモネル化学感覚研究所では別の実験が行なわれていた。研究者たちは、大人に比べて子供たちは特に甘い食品を好むという結論を出した。その後この施設で行なわれた実験から、甘味への嗜好は子供の生態の基本要素であることがわかり、子供向けの食べものや飲みものに加える砂糖の至福ポイントが正確につかめるようになった。ロンドンを拠点とする——企業が出資した——楽しみの科学研究学会（ARISE）など、世界じゅうでさらに研究が進み、これまでの研究結果を裏づけ、甘味嗜好は生来のものであると結論づけている。

これらの研究により、食品会社は売り上げを伸ばすために製品に加えるべき砂糖の量を把握できるようになった。世界じゅうのキャンディやシリアル会社、製パン会社、清涼飲料製造会社は、製品の甘味のレベルを科学的に割り出した至福ポイントにまで引き上げた。こうして、砂糖が大量に入った食べものや飲みものの消費は急激に伸びた——それと同時に、世界じゅうの消費者の胴回りも大きくなり、加工食品やファストフード業界に対して厳しい批判の目が向けられるようになった。

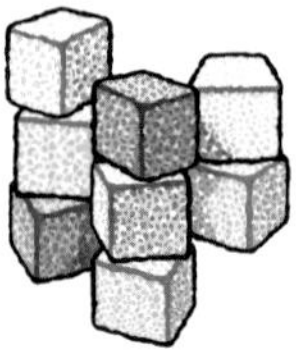

第7章◉砂糖がもたらしたもの

砂糖の摂取による健康への影響についての懸念は、過去4世紀にわたって取りざたされてきた。最初おもに心配されたのは、砂糖の摂取と虫歯との関係である。これについて言及した最初の文献に、１５９８年にイギリスを訪れ、66歳のエリザベス1世に謁見《えっけん》したドイツ人、ポール・ヘンツナーの文書がある。ヘンツナーは女王の歯が黒かったと記し、それは「砂糖をたくさん使いすぎるイギリス人に多く見られる問題のようだ」と説明している。

医学関係者の意見も一致している。砂糖は歯を悪くする。民法学博士のウィリアム・ヴォーンは、さまざまな理由から砂糖を糾弾している。ひとつは、自身の著作『公認健康指南書 *Approved Directions for Health*』（１６１２年）でも書いているように、砂糖は歯を黒くし「腐らせる」ことだ。『医療、あるいは病気の食事療法』の著者ジェイムズ・ハートは、砂糖菓子、甘いお菓子、飴玉に過度に使われている砂糖は、便秘、衰弱、肺結核や「歯を腐らせて黒くする」など、「体に悪影響」を及ぼすと主張している。さらに、これらのお菓子を食べる際には「若い人は特に用心するように」と警告している。砂糖と歯の関係については、何世紀にもわたって書かれてきている。たとえば、ジョナサン・スウィフトは『気取った巧みな会話の全集 *A Complete Collection of Polite and Ingenious Conversation*』(1722年)のなかのせりふで「甘いものは歯に悪い」と語っている。

その後、アメリカの医学関係者も精製糖についての懸念を表明している。健康促進運動家のシルベスター・グラハムは最後の著作『人生の科学についての講義 *Lectures on the Science of Human Life*』(1839年)で、精製糖には覚醒作用があるとして使用禁止を提唱している。「恐ろしいことに、刺激的な物質というのはどんな種類のものでも、習慣的に使用すると心身に悪影響を及ぼす」。多くの健康改革論者がグラハムに従った。水治療法士のラッセル・トロールは健康についての論説や著作で、砂糖を糾弾している。

砂糖からは、さまざまなキャンディ、砂糖菓子、薬用キャンディがつくられるが、そのほとんどに着色料という毒が加えられ、またその多くに薬品が加えられている。賢明な生理学者なら、どんなかたちであってもそれらの使用を認めないだろう。市販されている粗糖にはさまざまな不純物が含まれる。精製され、水分をほとんど含まない砂糖は腸の動きを鈍らせる傾向にある。

健康推進論者のすべてが、砂糖についてのトロールの絶対論的な考えを聞き入れたわけではない。ミシガン州のバトルクリークで療養所を経営する、安息日再臨派のジョン・ハーヴェイ・ケロッグは、子供の頃に経験した胃腸障害の原因は肉とキャンディにあると感じていた。そして、砂糖は健全な消化を妨げることから、アメリカ人のキャンディや甘いデザート嗜好を厳しくコントロールすべきだと考えた。しかしケロッグは砂糖を完全に排除すべきだと訴えたわけではなく、砂糖の摂取量をもっと減らし、代わりにハチミツやデーツ、レーズンを食べるように勧めただけだった。

当然ながら歯科医たちは砂糖を非難したが、医学関係者もやはり憂慮していた。1942年、米国医師会の食品栄養委員会は、「国民の健康を守るためには、栄養価の高い他の食品と一緒に食べるのでない限り、どうにかして砂糖の摂取を制限しなければならない」と述べている。医療従事者も砂糖の摂取について、特に低血糖症（血液中の糖のレベルが低いこと）に対する影響を懸念していた。E・M・エイブラハムソン医学博士とA・W・ペゼットは、共著『体、心、そして砂糖 *Body, Mind, and Sugar*』（1951年）のなかで、精製糖は「さまざまな病気」を引き起こすため、食事から砂糖を抜けば患者の健康状態はすぐに改善すると結論づけている。この本は大部分が個人的な経験に基づいたものだった――エイブラハムソンは糖尿病を専門とする医師で〝インスリン過剰症〟［高血糖を抑えるために過剰にインスリンが分泌される症状のこと］のペゼットの主治医だった――が、大評判となり、20万部以上売れた。

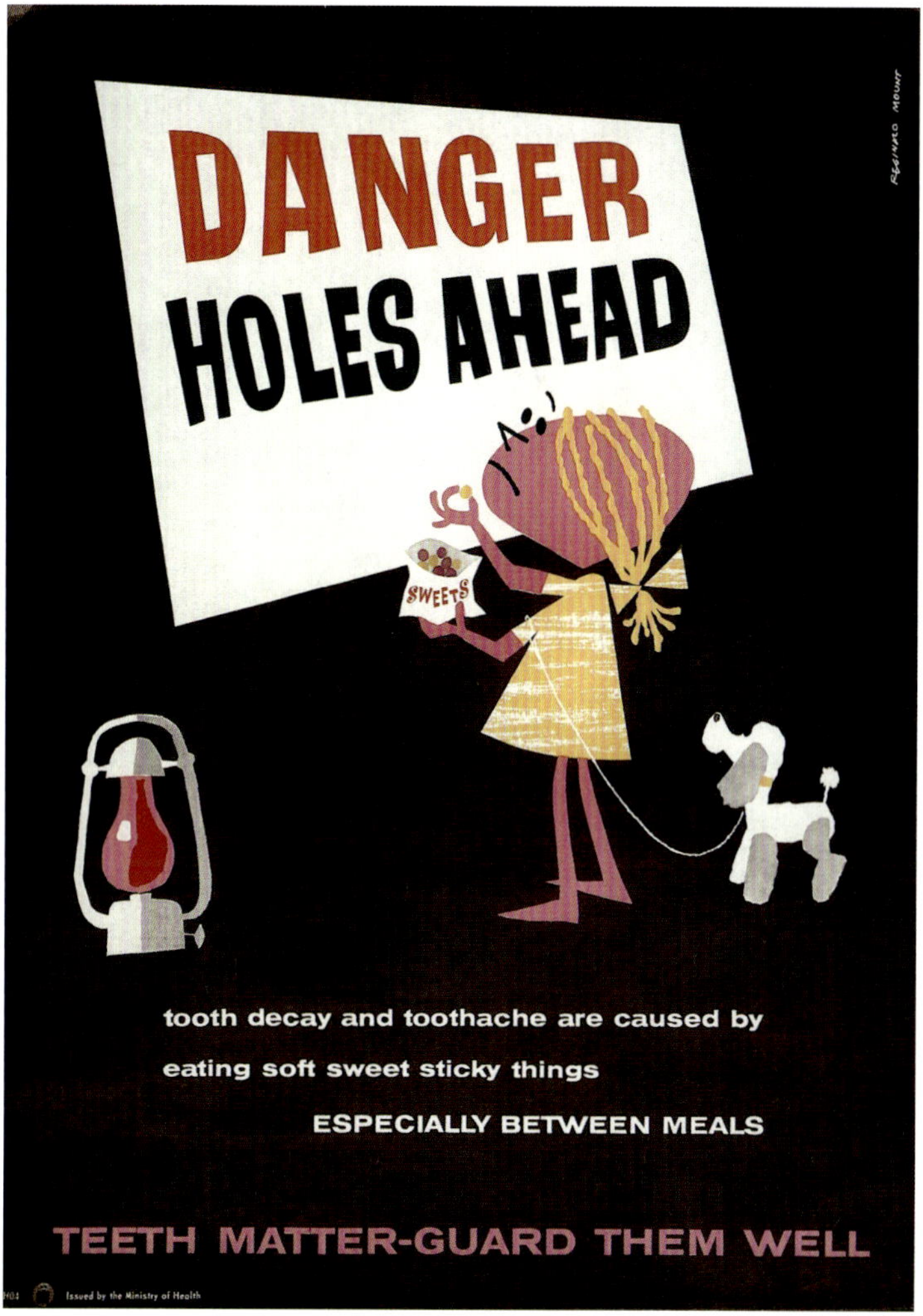

危険　この先、穴多し
虫歯や歯痛は、やわらかくて歯につきやすい、甘い食べものが原因です。
特に間食は控えること。
健康な歯をしっかり守りましょう。
レジナルド・マウント風の多色刷りリトグラフ。アメリカ保健省発行、1950年代。

他の医療専門家たちも同じ意見だった。英国王室海軍の軍医トマス・L・クリーヴと、南アフリカの医者ジョージ・D・キャンベルはさまざまな社会を調査した結果、糖尿病、心臓病、肥満、消化性潰瘍《かいよう》などの慢性疾患は、精製糖や精白小麦粉、精白米の摂取量が増えたことと関係があるとした。精製炭水化物の摂取量を減らせば、それだけこうした病気の発生率も下がる——ふたりはこうした考えを『糖尿病と冠状動脈血栓症と糖質病 *Diabetes, Coronary Thrombosis and the Saccharine Diseases*』（１９６６年）という本にして出版した。このような考えをばかにする人もいたが、ほとんどの医療専門家は実際に患者に砂糖の摂取量を減らすように勧めた。

●代替糖

糖尿病や肥満の増加に対する懸念から、ノンカロリーや低カロリーの人工甘味料が考案された。最初にできた人工甘味料はサッカリンという名の白い結晶性の粉で、甘味は砂糖の３００〜５００倍だがカロリーはない。これは１８７９年にボルチモアにあるジョンズ・ホプキンス大学の大学院生によって発見された。モンサントを含む数社がサッカリンを商品化したが、広く使われるようになったのは第一次世界大戦中に砂糖の配給制が進んだときだった。

戦後、サッカリンは糖尿病患者にとってありがたい存在となり、最終的にはダイエット食品とし

第一次世界大戦中の、アメリカ人に砂糖摂取量を減らすようにうながす広告。

て使われるようになった。１９７７年、カナダの研究論文がサッカリンは実験動物にがんを引き起こしたと報告し、米国食品医薬品局（ＦＤＡ）はくわしい研究が進むまで、その使用を一時停止することを決めた。その後の研究では発がん性を示す実験結果が確認できなかったため、１９９１年に禁止令は解かれた。

２番目に登場した人工甘味料チクロ（シクラミン酸カルシウム）は１９５２年にダイエット炭酸飲料に使われるようになった。さまざまな種類のチクロが多くの商品に使われたが、１９６０年代後半に行なわれた実験から、チクロには発がん性があることがわかったため、１９７０年にＦＤＡが使用を禁止した。

アメリカのスーパーマーケットで販売されている代替糖

「ニュートラスイート」や「イコール」の名で市販された3番目の代替糖であるアスパルテームは、1970年代後半にはダイエット食品のほとんどに使用されるようになった。

ステビアはヒマワリ科の植物に由来する、天然のノンカロリー代替糖である。この植物のエキスには普通の砂糖の300倍の甘さがある。ステビアは1970年代に日本で人気を博して以来、アジアや南アメリカの多くの国々で広く使われている。1994年、FDAはステビアをハーブ系サプリメントに分類し、食品ラベルへの表示を義務づけた。また2008年には、ステビア由来のふたつの甘味料を承認している。カーギル社〔穀物を中心に食品全般を扱うアメリカの巨大企業〕とコカ・コーラ社が開発したトゥルビア、そしてペプシコ社とホール・アース・スィートナー社〔甘味料メーカー」が開発したピュアビアである。その翌年、FDAは精製されたステビアを「安全食品認定」リストに載せた。

最近使われるようになった別の代替糖はスクラロースで、甘味は砂糖の600倍である。カナダでは1991年に使用が認可され、その7年後にアメリカでも認められた。さまざまな名――スプレンダ、スクラプラス、キャンディス、キュクレン、ノヴェッラなど――で市販されるスクラロースは、何千というダイエット食品に使われている。もうひとつ別のノンカロリー甘味料、アセスルファムカリウムは、甘味が砂糖の200倍あり、アメリカとEUでは使用が認可されている。また、ニュートラスイートによってつくられた人工甘味料ネオテームは砂糖の7000～1万3000倍の甘味がある。アメリカではFDAが2002年に使用を認可したが、まだ広く使われてはいない。認可された人工甘味料に関して、短期的な影響はほとんど表面には現れていない。たとえ長期的な健康リスクがあったとしても、それはまだ議論の最中である。

◉エンプティー・カロリー

〝エンプティー（空）・カロリー〟という語は、炭水化物や脂質以外の栄養素をほとんど、あるいはまったく含まない食品から得られるカロリーを意味し、最初に使われたのは1950年代のことだった。エンプティー・カロリー食品表の一番上に来るのが、キャンディやクッキー、ケーキ、パイ、アイスクリーム、朝食シリアル、炭酸水など、糖分の多い食べものや飲みものである。

１９５３年にロンドン大学の栄養科を創設したジョン・ユドキンは、砂糖の摂取量と多くの慢性疾患にははっきりした関連性があると確信していた。そこで、１９５０年代の終わりになると、冠動脈性心疾患の予防や減量を支援するために、食事から砂糖を取り除くキャンペーンを展開した。１９５８年、ユドキンはダイエット・マニュアル『痩身ビジネス *The slimming Business*』（１９５８年）を出版し、減量のための低炭水化物ダイエットを推奨した。ユドキンは自分の見解を裏づける研究を数多く発表し、１９６０年代にイギリスで評判になった。１９７２年に出版した『純白、この恐ろしきもの――砂糖の問題点』〔坂井友吉他訳。評論社〕はイギリスとアメリカでかなり大きな関心を呼んだ。にもかかわらず、ユドキンの見解は――砂糖ではなく――食物脂肪が心臓病のおもな原因だとする医学界にはほとんど受け入れられなかった。

アメリカの医療従事者たちは、アメリカの子供たちが生涯にわたって多動性やその他の健康問題を抱えてしまうのは、糖分の多いベビーフードや甘味をつけた朝食シリアルの食べすぎが原因だと結論づけた。また、アメリカのジャーナリストで自然食支持者のウィリアム・ダフィーが、「精製した蔗糖の摂取が引き起こす多くの肉体的、精神的苦痛」について書いた『シュガー・ブルース *Sugar Blues*』（１９７５年）が出版され、ベストセラーとなった。ダフィーは砂糖をヘロインと比較し、少なくともニコチンと同じくらい中毒性が高く、有害だと言っている。

こうした警告がされているにもかかわらず、アメリカ人のひとり当たりの砂糖摂取量は、(すべてが蔗糖というわけではないものの)増加の一途をたどった。その多くは誤った名前のついたブドウ糖果糖液糖(high-fructose corn syrup: HFCS)[高フルクトース・コーンシロップ]だった。1950年代に、科学者たちはトウモロコシを精製してデンプンにし、それをブドウ糖に変え、最終的に酵素を加えてブドウ糖を果糖に変える方法を見つけた。市販されているHFCSはトウモロコシを原料にしているが、化学的には蔗糖に近い。HFCSはブドウ糖を45パーセント、果糖を55パーセント含むが、蔗糖に含まれるブドウ糖と果糖の量は同じである。HFCSの長所は蔗糖よりも甘いことで、短所は、その当時、蔗糖よりも高価だったことである。

状況は1970年代に変化した。その背景には、輸入される砂糖に課される関税と数量割当が原因で砂糖の価格が上がったこと、そしてトウモロコシ栽培農家への補助金が原因でトウモロコシの価格が下がったことのふたつの事情がある。アメリカの製造業者は商品――特に飲みもの――に、安価になったHFCSを加えるようになった。その後の研究のほとんどは、人間の体はHFCSを蔗糖と同じように処理すると結論づけており、現在では研究者の大多数が、健康問題はHFCSではなく、精製糖の総摂取量と関連するとしている。

「ジャンクフード」という言葉が最初に使われたのは1970年代である。高カロリーかつカロリー以外の栄養価がほとんどない加工食品を意味し、特に、甘い菓子、塩味のスナック、ファストフード、糖分の多い飲みものなどを指す。早い時期から糖分の多い食品を問題視してきた公益科学センター（ＣＳＰＩ）の所長マイケル・ジェイコブソンによって、この言葉はその後の10年間に広められた。ＣＳＰＩ（とその他の多くの人々）によると、問題はジャンクフードを食べることだけではなく、ジャンクフードのせいでもっと栄養価の高い食品を食べなくなることにあるという。

精製糖はカロリーの過剰摂取の重大な誘因となっている。２０１１年にイギリスの一流医学雑誌『ランセット』で発表された研究によると、世界の肥満患者数は、「男性の４・８パーセント、女性の７・９パーセントが肥満だった」１９８０年のほぼ2倍になり、「２００８年には、男性の9・8パーセント、女性の13・8パーセントが肥満だった」という。現在では世界じゅうで13億人が過体重《かたいじゅう》――そのうちの半数が太りすぎ――と推定され、その数は世界のほとんどすべての国で増えている。肥満は、高血圧や関節炎、不妊症、心臓病、脳卒中、２型糖尿病、出生異常、胆のう疾患、痛風、免疫機能の低下、肝臓病、変形性関節症、そしてさまざまながん（乳がん、前立腺がん、食道がん、結腸直腸がん、子宮内膜がん、腎臓がんなど）と関連があるとされてきた。

肥満の原因はたくさんあるが、チューリヒを拠点とする金融機関クレディスイスの研究所は、２０１３年に調査結果を踏まえて次のような結論を出している。「医学の研究からは、砂糖が肥満や2型糖尿病、メタボリックシンドロームのおもな原因だという決定的な証拠はまだ得られていないが、最近の医学研究の大方はこの結論にまとまってきている」。砂糖は「潜在的に中毒性があるという評価基準」を満たしていると考えられているのだ。人口の61パーセントが過体重に当たるアメリカにとって、これは他のどの国よりも切実な問題となっている。クレディスイス研究所の結論によると、年間費用も信じがたい数字になっていて、アメリカの総医療費の30〜40パーセント――約1兆ドル――が「砂糖の過剰摂取と密接に関わる問題の解決に充てられている」と報告している。

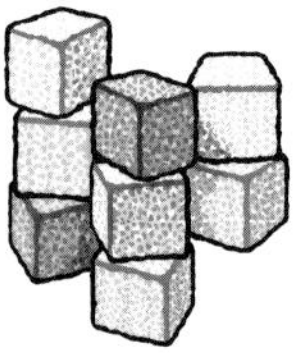

第8章◉砂糖の未来

砂糖の生産と消費は、いまだに環境団体、政治団体、栄養学団体の格好の標的となっているが、それには十分な根拠がある。環境保護主義者たちによれば、ブラジルの熱帯雨林破壊やオーストラリアのグレートバリアリーフの環境悪化、フロリダのエバーグレイズの荒廃は、サトウキビ栽培者の責任なのだ。淡水や海水の汚染も含め、肥料や農薬の流出はサトウキビやテンサイの栽培地域全体に環境破壊を引き起こしてきた。ドミニカ共和国のハイチ人など、サトウキビ栽培地域の契約労働者の扱いは劣悪で、アメリカや他の多くの国々のサトウキビ畑で雇われている出稼ぎ労働者を懸念する声も上がってきている。

市民団体は、ＥＵやアメリカの現行制度に見られる国内の砂糖生産への補助金や、輸入される砂糖に対する高い関税と低い数量割当の適用は、大規模砂糖生産者や大手食品会社のロビー活動のせいだと非難している。こうした先進国の保護政策によって締め出された砂糖が世界市場に大量に出回った結果、砂糖の価格が下がり、砂糖を主要産物とする発展途上国に深刻な経済危機を引き起こした。一方、先進国においては国内の砂糖価格が世界の市場価格よりも高くなり、砂糖を含む加工品のコストを押し上げることになった。

医療関係者や栄養専門家は、砂糖を加えることが肥満の最大の原因であると見なし、糖尿病や心臓疾患、肥満、消化性潰瘍、その他の慢性疾患など、多くの病気の誘因になっているとしている。評論家たちは、大手食品会社が過剰な量の砂糖を製品に加えていること、またテレビやラジオ、インターネット、学校やその周辺、スポーツイベントにおける広告キャンペーンが、子供たちをターゲットにしていることを非難している。

こうした批判を受けて、製品に加える砂糖の量を減らしはじめた食品会社もある。健康に悪いシリアルのワースト10にランキングされる6つの製品を生産し、他のどのシリアル会社よりも大々的に子供を狙ったマーケティングを繰り広げてきたケロッグ社とゼネラル・ミルズ社は、2007年以降、子供向けに販売するシリアルの砂糖の含有量を減らしている。

反砂糖の動きにもかかわらず、蔗糖は今でも世界で最も重要な食べもののひとつである。世界で摂取される総カロリーの約8パーセントは砂糖に由来すると推定されている。サトウキビとテンサイは、今でも世界で最も重要な作物のひとつであり、多くの国々で栽培されているが、主産地の数は以前より少なくなってきている。サトウキビの栽培では1位のブラジルが群を抜いて多く、全世界の約28パーセントを生産しているが、その半分近くはエタノールに変えられている。ブラジルは世界の粗糖全体の約25パーセントを輸出している。インドの生産量は2位で、中国やタイと合わせると、世界の総砂糖生産量の約3分の1を占める。残りは世界じゅうの114の国々が生産している。

砂糖はこれからも人間にとって大切な食材であり続けるだろう。わたしたちが甘い食べものや飲みものに魅力を感じるのは、単なる生理的要求のせいでも、ジャンクフードや炭酸飲料製造業者の巧みなマーケティングのせいでもない。甘い食べもの——キャンディ、ケーキ、チョコレート、アイスクリーム、炭酸飲料など——は、心に安らぎをもたらし、ささやかなご褒美として一日を乗り切るのを助けてくれる。また、楽しい行事やお祝い——クリスマス、イースター、バレンタインデー、ハロウィーン、誕生日パーティ、結婚式など——と結びつけられていることも多い。節度を守りさえすれば、甘い食べものと飲みものは、今後もずっとわたしたちの生活に欠かせない大切な存在であり続けるであろう。

訳者あとがき

本書『砂糖の歴史 *Sugar: A Global History*』は、イギリスの Reaktion Books が刊行する The Edible Series の一冊である。このシリーズは２０１０年、料理とワインに関する良書を選定するアンドレ・シモン賞の特別賞を受賞している。

著者のアンドリュー・F・スミスは、このシリーズの編者でもあり、食べものや料理に関する書籍を数多く著している。また、大学で料理史や食物学を教え、食をテーマにしたテレビ番組の制作にかかわるなど、食のエキスパートとして多方面で活躍しており、多彩なキャリアで培った幅広い経験や知識、持ち前の飽くなき食への好奇心が、本書でもいかんなく発揮されている。

本書を最初に読んだとき、狂言の「附子《ぶす》」が思い浮かんだ。こんな話だ。桶の中に砂糖を隠していた主人が、毒（附子）が入っているから桶の中を覗いてはいけないと使用人に言い含めて外出する。好奇心に駆られた使用人が桶の中を覗き、おそるおそるなめてみると、それは甘くておいしい砂糖だった。最初は少しなめるだけのつもりだったが、あまりのおいしさに止まらなくなってあっという間になめ尽くしてしまう。空っぽの桶を前に困り切った使用人は、主人の大切な家財を壊してしまったので、死んでお詫びをしようと思い「毒」を食べたという頓智の効いた言い訳を思いつく。キッチンに砂糖が常備され、甘いものがあふれている昨今、さすがに桶の砂糖をなめ尽くすなど想像もつかないが、初めて砂糖を口にしたときの甘美な喜び、一度口にしたらやめられなくなる甘味の魅力こそが、歴史の歯車を大きく動かした原動力だったのかもしれない。

砂糖を使った甘いお菓子は物語や映画にもよく登場する。ストーリーがはっきり思い出せなくても、甘いお菓子を食べるシーンは妙に鮮やかに記憶に残っている。たとえば、「大草原の小さな家」シリーズの『大きな森の小さな家』で、雪を敷き詰めたフライパンにメープルシロップを垂らしてキャンディを作るシーンは、今でもはっきりと目に浮かぶ。また、映画『火垂るの墓』では、戦時下、食べるものが手に入らないひもじさの中で、幼い少女が缶にわずかばかり残るドロップを大切に取り出して食べるシーン。砂糖が当たり前に手に入る時代に育っても、登場人物のワクワクした気持ちに共感でき、そのワクワクの大きさから逆に当時の生活の厳しさも実感できたように思う。

本書は、砂糖の起源から、大航海時代後の新世界での大規模な製糖、砂糖を取り巻く今日の状況に至るまで、ダイナミックな砂糖の歴史をたどっている。身近な食材である砂糖という切り口から世界の歴史を見つめることによって、奴隷制度や三角貿易といった世界史の授業で習う用語の裏側にあった当時の人々の暮らしが鮮やかに浮かびあがる。これがまさに本書の真骨頂である。豊富な図版を交えた数々の具体的なエピソードによって、砂糖が薬として大切にされた時代から、権力者が大量の砂糖を使って富と権力を見せつけた時代、紅茶やコーヒーなどの嗜好品とともに、庶民の生活に砂糖が普及した時代から、摂取過剰による健康問題が深刻化している現代まで、歴史の流れがより身近なものとして感じられるのではないだろうか。

本書の巻末には、それぞれの時代の生活習慣や嗜好を映した古い時代のレシピも掲載されているので、いずれ実際に再現して、歴史に思いを馳せながら味わってみたいと思っている。最後に、本書の翻訳にあたり、丁寧に原稿に目を通してアドバイスをしてくださった原書房編集部の中村剛さん、翻訳会社リベルのみなさまに、心からお礼を申し上げたい。

2016年1月

手嶋由美子

写真ならびに図版への謝辞

下記の図版の提供、ならびに掲載を許可してくれた関係者に感謝の意を表したい。

Alamy: p. 150上（Cindy Hopkins）; Bigstock: pp.6（luiz rocha）; The British Library, London: pp. 33, 47, 59; ChildofMidnight: p. 143; Brandon Dilbeck: p.115; Thomas Dohrendorf: p. 91; Couresy of Kelly Fitzsimmons: pp. 10, 19, 20, 31, 32, 40, 42上, 48, 50, 53, 54上下, 56, 58上, 64, 71, 72, 107, 111, 126上, 137, 132, 139, 162; Getty Image: p.124; iStockphoto: p. 135（JenD）; Library of Congress, Washington, DC: pp. 25, 42下, 58下, 61, 67, 68, 92, 99, 161; Shutterstock: pp. 126下, 127上（Roman Samokhin）, 130下（ValeStock）; Stratford490: p. 112; Tup Wanders: p. 109; Wellcome Library, London: pp. 74, 78, 159

——, *Sweet and Dangerous: The New Facts about the Sugar You Eat as a Cause of Heart Disease, Diabetes, and Other Killers* (New York, 1972)

アボット，エリザベス『砂糖の歴史』樋口幸子訳。河出書房新社。2011年。

ミンツ，シドニー・W『甘さと暴力——砂糖が語る近代史』川北稔，和田光弘訳。平凡社。1988年。

モス，マイケル『フードトラップ——食品に仕掛けられた至福の罠』本間徳子訳。日経BPマーケティング。2014年。

Jacobson, Michael F., *Liquid Candy: How Soft Drinks are Harming Americans' Health* (Washington, DC, 2005)

Kawash, Samira, *Candy: A Century of Panic and Pleasure* (New York, 2013)

Keating, Giles, and Stefano Natella, *Sugar: Consumption at a Crossroads* (Zurich, 2013)

Kimmerle, Beth, *Candy: The Sweet History* (Portland, OR, 2003)

Krondl, Michael, *Sweet Invention: A History of Dessert* (Chicago, IL, 2011)

Lustig, Robert H., *Fat Chance: Beating the Odds Against Sugar, Processed Food, Obesity, and Disease* (New York, 2013)

Macinnis, Peter, *Bittersweet: The Story of Sugar* (Crows Nest, NSW, 2002)

Mason, Laura, *Sweets and Sweet Shops* (Haverfordwest, Pembrokeshire, 1999)

——, *Sugar-plums and Sherbet: The Prehistory of Sweets* (Totnes, 1998)

Mazumdar, Sucheta, *Sugar and Society in China: Peasants, Technology and the World Market* (Cambrdige, MA, 1998)

O'Connell, Sanjida, *Sugar: The Grass that Changed the World* (London, 2004)

Osborn, Robert F., *Valiant Harvest: The Founding of the South African Sugar Industry, 1848-1926* (Durban, 1964)

Parke, Matthew, *The Sugar Barons: Family, Corruption, Empire, and War in the West Indie*s (London, 2011)

Penfold, Steve, *The Donut: A Canadian History* (Toronto, 2008)

Richardson, Tim, *Sweets: A History of Candy* (New York, 2002)

Scarano, Francisco A., *Sugar and Slavery in Puerto Rico: The Plantation Economy of Ponce, 1800-1850* (Madison, WI, 1984)

Schwarz, Friedhelm, *Nestlé: The Secrets of Food, Trust, and Globalization*, trans. Maya Anyas (Toronto, 2002)

Schwartz, Stuart B., ed., *Tropical Babylons: Sugar and the Making of the Atlantic World, 1450-1680* (Chapel Hill, NC, 2004)

Siler, Julia Flynn, *Lost Kingdom: Hawaii's Last Queen, the Sugar Kings and America's First Imperial Adventure* (New York, 2012)

Strong, L. A. G., *The Story of Sugar* (London, 1954)

Warner, Deborah Jean, *Sweet Stuff: An American History of Sweeteners from Sugar to Sucralose* (Washington, DC, 2011)

Woloson, Wendy A., *Refined Taste: Sugar, Confectionery and Consumption in Nineteenth-century America* (Baltimore, MD, 2002)

Yudkin, John, *Pure, White and Deadly* (New York, 2013)

参考文献

Abrahamson, E. M., and A. W. Pezet, *Body, Mind and Sugar* (New York, 1951)

Appleton, Nancy, and G. N. Jacobs, *Suicide by Sugar: A Startling Look at Our #1 National Addiction* (Garden City Park, NY, 2009)

Aronson, Marc, and Marina Budhos, *Sugar Changed the World: A Story of Spice, Magic, Slavery, Freedom, and Science* (Boston, MA, 2010)

Aykroyd, W. R., *Sweet Malefactor: Sugar, Slavery and Human Society* (London, 1967)

Barnett-Rhodes, Amanda, "Sugar Coated Ads and High Calorie Dreams: The Impact of Junk Food Ads on Brand Recognition of Preschool Children", Master's thesis, University of Vermont, 2002

Carr, David, *Candymaking in Canada: The History and Business of Canada's Confectionery Industry* (Toronto, 2003)

Chen, Joanne, *The Taste of Sweet: Our Complicated Love Affair with Our Favorite Treats* (New York, 2008)

De la Peña, Carolyn, *Empty Pleasures: The Story of Artificial Sweeteners from Saccharin to Splenda* (Chapel Hill, NC, 2010)

Deerr, Noel, *The History of Sugar*, 2 vols (London, 1949)

Dibb, Sue, *Spoonful of Sugar: Television Food Advertising Aimed at Children: An International Comparative Study* (London, 1996)

Duffy, William, *Sugar Blues* (New York, 1975)

Ebert, Christopher, *Between Empires: Brazilian Sugar in the Early Atlantic Economy, 1550-1630* (Leiden and Boston, MA, 2008)

Fraginals, Manuel Moreno, *The Sugar Mill: The Socioeconomic Complex of Sugar in Cuba, 1760-1860* (New York, 1976)

Fraginals, Manuel Moreno, *El Ingenio* (Barcelona, 2001)

Galloway, J. H., *The Sugar Cane Industry: An Historical Geography from its Origins to 1914* (New York, 1989)

Gillespie, David, *Sweet Poison: Why Sugar is Making Us Fat* (Surry Hills, NSW, 2008)

Hollander, Gail M., *Raising Cane in the 'Glades: The Global Sugar Trade and the Transformation of Florida* (Chicago, IL, 2008)

Hopkins, Kate, *Sweet Tooth: The Bittersweet History of Candy* (New York, 2012)

レシピ集

◉マーチペイン

『淑女の楽しみ *Delightes for Ladies*』（ロンドン，1611年）より。

1. アーモンド2ポンド（910*g*）を漂白し，ザルごと火であぶって乾燥させる。
2. アーモンドをすり鉢で砕き，細かくなったら，細かく砕いた砂糖2ポンド（910*g*）と混ぜる。アーモンドが油状にならないように，大さじ2，3杯のバラ水を加える。ペースト状になるまでよく混ぜたら，のし棒で薄く伸ばし，ウェハースの上に敷く。端を少し持ち上げ，焼く。
3. 砂糖を溶かしたバラ水を表面に塗り，もう一度オーブンに入れる。表面が膨らんで乾いたらオーブンから取り出し，型に入れてつくった鳥や動物などで飾り付ける。長い糖菓を刺し，ビスケットとキャラウェイをのせれば出来上がり。

マーチペインペーストを好きなかたちにしてごちそうの皿にのせてもよい。最近の砂糖菓子職人は，このペーストを使って文字，飾り結び，紋章，盾，動物，鳥，その他の飾りをつくっている。

◉チョコレートクリーム

『宮廷とブルジョワジーの料理 *Le Cuisinier royal et bourgeois*』（フランソワ・マシアロ著。パリ，1693年）より。

1. 牛乳1クオート（1.1リットル）と砂糖¼ポンド（113*g*）を混ぜ，15分間加熱する。
2. 卵1個分の卵黄を泡立てたものを加え，3，4回煮立たせる。
3. 火からおろし，クリームに色がつくまでチョコレートを混ぜ入れる。
4. さらに火にかけて3，4回煮立たせた後，濾し器で裏ごしし，自由に飾りつける。

◉リコリス・ケーキ

『ペストリーづくりの手引き，あるいは料理人，主婦，田舎暮らしの貴婦人のための手引き書 *The Pastry-cook's Vade-mecum; or, a Pocket-companion for Cooks, House-keepers, Country Gentlewomen, etc*』（ロンドン，1705年）より。

1. 薄く削ったリコリス12オンス（340*g*），ヒソップ水を2.5パイント（1.4リットル），フキタンポポ水を1.5パイント（0.7リットル），赤いバラ

水を1.5パイント（0.7リットル），ローズマリーの花をふたつかみ，アジアンタムひとつかみを，ぴったり蓋のできるシチュー鍋か壺に入れ，3，4日置く。その間，1日2，3回振る。

2. 中身を小鍋に入れ，弱火で2時間煮た後，銀のボールに濾し入れる。
3. ブラウンシュガーの塊を1ポンド（450*g*）入れて煮詰め，ペースト状になるまでよくかき混ぜる。ドロっとしたら，少量をスプーンですくって冷めるまでナイフでたたいて固さを確かめる。
4. ちょうどいい固さになったら火からはずし，白くなるまでスプーンで勢いよくかき混ぜる。
5. 良質の砂糖を手に取り，丸めて小さなケーキにする。うまくつくるためには，最後まできっちりかき混ぜること。そうしないと，パチパチ砕けてうまく丸めることができない。

※一度につくる量は，このレシピの半分で十分である。

....

◉ポルトガル・ケーキ

『料理を学ぶ人のためのペストリーのレシピ *Receipts of Pastry for the Use of his Scholars*』エドワード・キダー著（ロンドン，1720年頃）より。

1. 精製糖1ポンド（450*g*），フレッシュ・バター1ポンド（450*g*），卵5個，叩いたメース（ナツメグの皮）少々を平鍋に入れ，白っぽく固くなるまで両手で泡立てる。
2. そこに小麦粉1ポンド（450*g*）ときれいに洗って乾燥させたカラント½ポンド（225*g*）を入れてよく混ぜる。型に入れてオーブンで焼く。

※カラントの代わりにキャラウェイシードを使えば，同じ方法でシードケーキができる。

....

◉もうひとつのクリスマス・クッキー

『アメリカの料理 *American Cookery*』第2版，アメリア・シモンズ著（ニューヨーク州オールバニー，1796年）より。

1. 小麦粉3ポンド（1360*g*）に，細かい粉にしたコリアンダーシードをティーカップ1杯分振りかけ，バター1ポンド（450*g*）と砂糖1.5ポンド（675*g*）を擦り込む。
2. 小さじ3杯の真珠灰をティーカップ1杯の牛乳に溶かし，材料全部を練り合わせる。
3. 2センチの厚さに延ばして，好みのかたちや大きさに切るか，型抜きし，15～20分じっくり焼く。焼き上がりは固くパサパサしているが，陶製のポットに入れ，乾燥した地下室か湿気のある部屋で保存すると，6か月後にはやわらかくなり，味もよくなる。

....

◉透明な砂糖水をつくる方法

『お菓子づくりの達人，あるいは主婦の手引き *The Complete Confectioner: or, Housekeeper's Guide*』ハナー・グラス，マリア・ウィルソン著（ロンドン，1800年）より。

1. 塊あるいは粉砂糖3ポンド（1360g）の場合。卵白1個分を陶製（ホーロー）の鍋に入れて，約1パイント（570ml）の真水を混ぜ入れ，泡だて器で白っぽくなるまで泡立てる。
2. 全量を銅製のやかん，あるいは小鍋に入れ，遠火の弱火にかける。
3. 煮立ち始めたら，忘れずに小量の水を加える。表面に集まったあくを，砂糖が透明になるまですくう。
4. 不純物を取り除くために，濡らしたナプキンか絹の裏ごし器で濾した後，好みの容器に入れ，使うときまで保存する。

※砂糖の質があまり良くないときには，もう一度沸騰させてから濾す。あるいは鍋の高さを超えるくらいの高さまで沸騰させて純化する。

………………………………

◉ジャーマン・ビスケット

『イタリアのお菓子 *The Italian Confectioner*』ウィリアム・アクシス・ジャーリン著（ロンドン，1829年）より。

1. クローブ，シナモン，コリアンダー，ナツメグをそれぞれ¼オンス（7g）合わせ，叩いて粉にし，ふるいにかける（あるいは，これらのスパイスのエキスでもよい）。
2. レモンピール2オンス（60g），きざんだスイートアーモンドを（プラリネにするときのように）小さく切ったものを1ポンド（450g）用意する。これらの材料を卵24個，砂糖5ポンド（2270g），小麦粉5ポンド（2270g）と混ぜ，こねてペースト状にする。
3. のし棒で伸ばし，正方形，ひし形，楕円形など好きな形にする。
4. 焼き上がったら，好みでチョコレートをかけてもよい。

………………………………

◉砂糖を加熱する方法

『パリの宮廷菓子職人——マリー＝アントナン・カレームのオリジナルより *The Royal Parisian Pastrycook and Confectioner from the Original of M.A. Careme*』マリー＝アントナン・カレーム著，ジョン・ポーター編（ロンドン，1834年）より。

純化させた砂糖を加熱すると下のような6つの段階に変化する。

第1段階——リス——純化させた砂糖を火にかけ，数分間加熱した後，人差し指に小量を取り，親指を押しつけてみる。すぐに指を離したときに，目に見えないくらい細い糸を引く状態。少し引き延ばすことができればグラン・リス，すぐに切れればプチ・リスの状態である。

第2段階——パール（真珠あるいは

ビーズ状)——砂糖を前の段階より少し長く加熱し，指のあいだに取る。指を離すとすぐに，砂糖は糸状に伸びる。この糸が切れればプチ・パール，指から指へ切れずに伸びればグラン・パールの状態である。後者の場合，さらに表面に小さな真珠のような細かい泡ができる。

第3段階——スフル——さらに熱し続けた後，スキマー（穴あき杓子）を入れてすぐに鍋をたたく。スキマーの穴に息を吹きかけたときに小さな泡が立てばスフルの状態である。

第4段階——プリュム（羽)——さらに砂糖を熱し，スキマーを入れた後，大きく振って砂糖を落とす。すぐに砂糖が離れ，亜麻の繊維が飛んでいるように見えれば，グラン・プリュムと呼ばれる状態である。

第5段階——カッセ（クラック)——さらに砂糖を熱した後，まず指の先を冷水に浸し，それから砂糖につける。再びすぐに冷水につけ，指からはがれた砂糖がポキリと折れればカッセの状態である。口に入れてかんだときに歯にくっつけばプチ・カッセの状態である。

第6段階——カラメル——第5段階まで熱すると，すぐにカラメル状になる。つまり，すぐに白くなくなり軽く色がつき始める。これはカラメルの状態になった印である。

………………………………

◉シュガー・キャンディ

『テンサイ糖のつくり方 *A Manual of the Art of Making and Refining Sugar from Beets*』L. J. ブラシェット著（マサチューセッツ州ボストン，1836年）より。

自らに課せられた仕事をやり遂げるために，残っているのはシュガー・キャンディーのつくり方についての話だけである。しかし，このお菓子は少なくともフランスでは，精製業者よりも菓子職人の技術とされるため，作業の大変さについてかいつまんで話すに留めよう。

シュガー・キャンディはローフシュガーと違って，かき混ぜるのではなく，休ませることによって結晶化させる。結晶が均一になるようにゆっくり結晶化させるため，急激に温度を下げるような原因をすべて取り去り，部屋を適温に保つことが大切だ。ローフシュガーをつくる際のクラウディングという工程では，早く冷ますために，結晶をこわし，（かき混ぜて）表面を入れ替えた。シュガー・キャンディをつくるときの工程を通常の結晶化と呼び，ローフシュガーの場合は不完全な結晶化と呼ぶ。

純化して濾過したシロップを，もう一度濾して大釜に入れ，適切な段階まで加熱する。適切な段階というのは，どのくらいの大きさの結晶にするかによって，強さを加減して息を吹きかけて確かめる。

加熱したシロップを注ぐための，しっ

かり磨き上げた，半球形に近い銅製のボールを用意する。大きさは口径38～46センチ，深さは約15～20センチ。縁から約5センチのところの両側に，8～10個の小さな穴をあけ，両側の穴に交互に糸を通していく。シロップが穴から流れ出さないように，ボールの外側からのりか粘着テープで穴をふさぐ。

準備したボールの糸よりも2.5センチほど上まで液を注ぎ，6～7日間，結晶化が完全に進まないように，急いで温度を高く設定した温室に移す。この後，ボールを温室から出し，母液（結晶せずに残った液）を取り除く。少量の水をボールに注ぎ，底に広がった結晶を洗う。この水は母液と一緒にしておく。

底部分は15～23センチの厚さの結晶状になっている。結晶がついた糸は花飾りのようになる。ちょうどいい大きさの壺の上で，ボールを逆さにして水気を切る。その後，温室に戻してよく温める。2，3日たてば砂糖が乾く。温室から出して，ボールからキャンディを取り除く。剝がすのは難しくない。これで商品として並べることができる。

母液は質の悪い砂糖と同じように，ローフシュガーの原料にもなる。

シュガー・キャンディの色の濃淡はさまざまで，使うシロップの純度で変わる。純度が高ければ純白に仕上がる。

適切な発色剤を加えてグラデーションに仕上げることもできる。これはこの工程のもっと細かい部分で，菓子職人の領域になる。

....

◉ストロベリー・アイスクリーム

『料理指南書 *Directions for Cookery*』エリザ・レスリー著（フィラデルフィア，1837年）より。

1. 熟したイチゴを2クオート（2.3リットル）用意する。へたを取り除いてから深皿に入れ，粉にしたローフシュガー½ポンド（225g）を混ぜ入れてつぶす。蓋をして1，2時間置く。
2. 裏ごし器を使ってすりつぶし，果汁をすべて搾りだし，そのなかに粉砂糖をさらに½ポンド（225g），あるいは十分な甘味がつく分量の砂糖を加えて混ぜ，濃いシロップにする。
3. 2クオート（2.3リットル）の生クリームを少しずつ加え，よく泡立てる。
4. 冷凍庫に入れ，前述のレシピと同じ手順で進める。
5. 2時間たったら，流し型に入れるか，取り出して，新しい塩と氷を入れた冷凍庫に戻し，もう一度凍らせる。さらに2時間冷やして取り出す。

....

◉レモネード

『あらゆるものの探求 *Enquire within upon Everything*』（ロンドン，1856年）より。

粉砂糖4ポンド（1810*g*），クエン酸あるいは酒石酸1オンス（28*g*），レモンエッセンス2ドラム（3.5*g*）をよく混ぜる。小さじ2～3杯で，甘さたっぷりでさわやかなレモネード1杯がすぐにできる。

…………………………………

◉乳児食

『ミセス・ヘイルの新しい料理本——実用的な家事の方法 *Mrs Hale's New Cook Book: A Practical System for Private Families*』（フィラデルフィア，1857年）より。

牛乳小さじ1杯にお湯小さじ2杯を混ぜ，シュガーローフで甘味を加える。砂糖はできるだけ多く入れるのが好ましい。新生児であれば，1回分はこの量で十分である。同じ量を2，3時間おきに与えてもよいが，これより回数が多くならないようにし，母乳から自然な栄養を与えられるようになったらやめること。

…………………………………

◉ボンボン

『西洋料理指南 *The Great Western Cook Book*』アンジェリーナ・マリア・コリンズ著（ニューヨーク，1857年）より。

用意した型によく油を塗っておく。たくさんのブラウンシュガーシロップをブローと呼ばれる状態にする。スキマー（穴あき杓子）を入れ，穴を通した液に照りが出る状態がブローである。レモンエッセンスを数滴加える。白いボンボンにするのであれば，砂糖が少し冷めたときに，粒状になって表面に照りが出るまで鍋のなかでかき混ぜ，それからじょうごを使って小さな型に流し込む。冷めて固まったら，型から取り出して紙で包む。色をつけたければ，熱いうちに着色料をかける。

…………………………………

◉エファートン・タフィー

『上手な家事の方法 *The Successful House-keeper*』M. W. エルスワース，F. B. ディカーソン著（ペンシルバニア州ハリスバーグ，1884年）。イギリスで人気のお菓子。

1. 上質のブラウンシュガー3ポンド（1360*g*）に，1.5パイント（0.8リットル）の水を合わせて沸騰させ，冷たい水に垂らすと固まるくらいまで熱する。
2. 香りのよい新鮮なバター½ポンド（225*g*）を加え，キャンディをやわらかくする。2，3分熱してもう一度固くなったら，バットに注ぎ入れる。
3. 好みで香りづけにレモンを加える。

…………………………………

◉糸飴

『ミス・コールソンの実用アメリカ料理 *Miss Corson's Practical American Cookery*』ジュリエット・コールソン著（ニューヨーク，1886年）より。

糸飴は大きな砂糖漬けの果物やナッツ，ヌガーを飾るのに使われる。たとえば前述のオレンジのシャルトルーズの場合も，型から外した後に糸飴をかけてもよい。あるいはピラミッド型に重ね，卵白で固めたマカロン，また砂糖漬けのナッツや果物，マカロンを組み合わせた大きな飾り，砂糖の彫刻の後ろに飾るようなキャンディの台に使ってもよい。

シロップは〝クラック〟と呼ばれる段階まで熱する。少量をスプーンにとり，彫刻のところで説明したように油を塗ったナイフの上で，波線を描くように行ったり来たりさせながら垂らす。すばやく一定の速さで動かすこと。長くも短くもできる。また，飾りたいものの上に直接，シロップを垂らしてつくってもよい。

....

◉ジンジャーエール

『家事上手な女性の料理本 *The Good Housekeeping Woman's Home Cook Book*』イザベル・ゴードン・カーティス著（イリノイ州シカゴ，1909年）より。

ぬるま湯2ガロン（7.6リットル）に対し，砂糖2ポンド（910*g*），レモン2個，クリームオブターター（酒石英）小さじ1杯，イースト1カップ，傷をつけた根生姜を小量の水で煮出した汁2オンス（60*g*）を入れる。混ぜたものを壺に入れ，24時間温かい場所に置いてから瓶詰めする。翌日には「シュワっと泡立つ」ジンジャーエールが出来上がる。

アンドルー・F・スミス（Andrew F. Smith）
1946年生まれ。ニューヨークのニュースクール大学で食物学を教えるかたわら，食べ物や料理の歴史に関する書籍や記事を多数執筆する。2005年には，編集・執筆を手掛けた『オックスフォード百科事典：アメリカの食べ物と飲み物 *The Oxford Encyclopedia on Food and Drink in America*』が，食のオスカー賞とも呼ばれるジェームス・ビアード賞の最終選考作品となった。邦訳に『「食」の図書館　ジャガイモの歴史』（原書房），『ハンバーガーの歴史』（スペースシャワーネットワーク）がある。

手嶋由美子（てしま・ゆみこ）
津田塾大学英文科卒。アメリカのマサチューセッツ州立大学大学院で英米文学を学ぶ。訳書に『死ぬまでに観ておきたい世界の絵画1001』（実業之日本社／共訳），『フランシス・ベーコン』（青幻舎），『スケッチパースの教室』『街で出会った欧文書体実例集』『新しい時代のブランドロゴのデザイン』（以上ビー・エヌ・エヌ新社）などがある。海外児童書サークル「やまねこ翻訳クラブ」会員。

「食《しょく》」の図書館《としょかん》

砂糖《さとう》の歴史《れきし》

●

2016年1月27日　第1刷

著者……………アンドルー・F・スミス
訳者……………手嶋由美子《てしまゆみこ》
翻訳協力……………株式会社リベル
装幀……………佐々木正見
発行者……………成瀬雅人
発行所……………株式会社原書房

〒160-0022 東京都新宿区新宿1-25-13
電話・代表03(3354)0685
振替・00150-6-151594
http://www.harashobo.co.jp

印刷……………新灯印刷株式会社
製本……………東京美術紙工協業組合

ISBN 978-4-562-05175-5, Printed in Japan

パンの歴史 《「食」の図書館》
ウィリアム・ルーベル／堤理華訳

変幻自在のパンの中には、よりよい食と暮らしを追い求めてきた人類の歴史がつまっている。多くのカラー図版とともに読み解く人とパンの6千年の物語。世界中のパンで作るレシピ付。　2000円

カレーの歴史 《「食」の図書館》
コリーン・テイラー・セン／竹田円訳

「グローバル」という形容詞がふさわしいカレー。インド、イギリス、ヨーロッパ、南北アメリカ、アフリカ、アジア、日本など、世界中のカレーの歴史について豊富なカラー図版とともに楽しく読み解く。　2000円

キノコの歴史 《「食」の図書館》
シンシア・D・バーテルセン／関根光宏訳

「神の食べもの」か「悪魔の食べもの」か？　キノコ自体の平易な解説はもちろん、採集・食べ方・保存、毒殺と中毒、宗教と幻覚、現代のキノコ産業についてまで述べた、キノコと人間の文化の歴史。　2000円

お茶の歴史 《「食」の図書館》
ヘレン・サベリ／竹田円訳

中国、イギリス、インドの緑茶や紅茶のみならず、中央アジア、ロシア、トルコ、アフリカまで言及した、まさに「お茶の世界史」。日本茶、プラントハンター、ティーバッグ誕生秘話など、楽しい話題満載。　2000円

スパイスの歴史 《「食」の図書館》
フレッド・ツァラ／竹田円訳

シナモン、コショウ、トウガラシなど5つの最重要スパイスに注目し、古代～大航海時代～現代まで、食はもちろん経済、戦争、科学など、世界を動かす原動力としてのスパイスのドラマチックな歴史を描く。　2000円

（価格は税別）

ミルクの歴史 《「食」の図書館》
ハンナ・ヴェルテン／堤理華訳

おいしいミルクには波瀾万丈の歴史があった。古代の搾乳法から美と健康の妙薬と珍重された時代、危険な「毒」と化したミルク産業誕生期の負の歴史、今日の隆盛までの人間とミルクの営みをグローバルに描く。 2000円

ジャガイモの歴史 《「食」の図書館》
アンドルー・F・スミス／竹田円訳

南米原産のぶこつな食べものは、ヨーロッパの戦争や飢饉、アメリカ建国にも重要な影響を与えた！ 波乱に満ちたジャガイモの歴史を豊富な写真と共に探検。ポテトチップス誕生秘話など楽しい話題も満載。 2000円

スープの歴史 《「食」の図書館》
ジャネット・クラークソン／富永佐知子訳

石器時代や中世からインスタント製品全盛の現代までの歴史を豊富な写真とともに大研究。西洋と東洋のスープの決定的な違い、戦争との意外な関係ほか、最も基本的な料理「スープ」をおもしろく説き明かす。 2000円

ビールの歴史 《「食」の図書館》
ギャビン・D・スミス／大間知知子訳

ビール造りは「女の仕事」だった古代、中世の時代から近代的なラガー・ビール誕生の時代、現代の隆盛までのビールの歩みを豊富な写真と共に描く。地ビールや各国ビール事情にもふれた、ビールの文化史！ 2000円

タマゴの歴史 《「食」の図書館》
ダイアン・トゥープス／村上彩訳

タマゴは単なる食べ物ではなく、完璧な形を持つ生命の根源、生命の象徴である。古代の調理法から最新のレシピまで人間とタマゴの関係を「食」から、芸術や工業デザインほか、文化史の視点までひも解く。 2000円

（価格は税別）

鮭の歴史 《「食」の図書館》

ニコラース・ミンク／大間知知子訳

人間がいかに鮭を獲り、食べ、保存（塩漬け、燻製、缶詰ほか）してきたかを描く、鮭の食文化史。アイヌを含む日本の事例も詳しく記述。意外に短い生鮭の歴史、遺伝子組み換え鮭など最新の動向もつたえる。　２０００円

レモンの歴史 《「食」の図書館》

トビー・ゾンネマン／高尾菜つこ訳

しぼって、切って、漬けておいしく、油としても使えるレモンの歴史。信仰や儀式との関係、メディチ家の重要な役割、重病の特効薬など、アラブ人が世界に伝えた果物には驚きのエピソードがいっぱい！　２０００円

牛肉の歴史 《「食」の図書館》

ローナ・ピアッティ＝ファーネル／富永佐知子訳

人間が大昔から利用し、食べ、尊敬してきた牛。世界の牛肉利用の歴史、調理法、牛肉と文化の関係等、多角的に描く。成育における問題等にもふれ、「生き物を食べること」の意味を考える。　２０００円

ハーブの歴史 《「食」の図書館》

ゲイリー・アレン／竹田円訳

ハーブとは一体なんだろう？　スパイスとの関係は？　それとも毒？　答えの数だけある人間とハーブの物語の数々を紹介。人間の食と医、民族の移動、戦争…ハーブには驚きのエピソードがいっぱい。　２０００円

コメの歴史 《「食」の図書館》

レニー・マートン／龍和子訳

アジアと西アフリカで生まれたコメは、いかに世界中へ広がっていったのか。伝播と食べ方の歴史、日本の寿司や酒をはじめとする各地の料理、コメと芸術、コメと祭礼など、コメのすべてをグローバルに描く。　２０００円

（価格は税別）

ウイスキーの歴史　《「食」の図書館》
ケビン・R・コザー／神長倉伸義訳

ウイスキーは酒であると同時に、政治であり、経済であり、文化である。起源や造り方をはじめ、厳しい取り締まりや戦争などの危機を何度もはねとばし、誇り高い文化にまでなった奇跡の飲み物の歴史を描く。　２０００円

豚肉の歴史　《「食」の図書館》
キャサリン・M・ロジャーズ／伊藤綺訳

古代ローマ人も愛した、安くておいしい「肉の優等生」豚肉。豚肉と人間の豊かな歴史を、偏見／タブー、労働者などの視点も交えながら描く。世界の豚肉料理、ハム他の加工品、現代の豚肉産業なども詳述。　２０００円

サンドイッチの歴史　《「食」の図書館》
ビー・ウィルソン／月谷真紀訳

簡単なのに奥が深い…サンドイッチの驚きの歴史！「サンドイッチ伯爵が発明」説を検証する、鉄道・ピクニックとの深い関係、サンドイッチ高層建築化問題、日本の総菜パン文化ほか、楽しいエピソード満載。　２０００円

ピザの歴史　《「食」の図書館》
キャロル・ヘルストスキー／田口未和訳

イタリア移民とアメリカへ渡って以降、各地の食文化に合わせて世界中に広まったピザ。本物のピザとはなに？　世界中で愛されるようになった理由は？　シンプルに見えて実は複雑なピザの魅力を歴史から探る。　２０００円

パイナップルの歴史　《「食」の図書館》
カオリ・オコナー／大久保庸子訳

コロンブスが持ち帰り、珍しさと栽培の難しさから「王の果実」とも言われたパイナップル。超高級品、安価な缶詰、トロピカルな飲み物など、イメージを次々に変えて世界中を魅了してきた果物の驚きの歴史。　２０００円

（価格は税別）